Eulen

Vögel der Weisheit – Jäger der Nacht

Dietmar Nill
Torsten Pröhl
Dr. Michael Lohmann

Eulen

Vögel der Weisheit – Jäger der Nacht

Inhalt

Vorwort

Wir möchten in diesem Buch die wunderbare Welt der Eulen vor allem denen nahebringen, die bisher noch keine nähere Bekanntschaft mit diesen ungewöhnlichen Vögeln gemacht haben. Die noch nicht entdeckt haben, welch bizarre Gestalten und Verhaltensweisen, welch bewundernswerte »Techniken« der Nachtjagd und welch liebenswerte Eigenschaften in dieser Gruppe zu finden sind.

Die Sonderstellung der Eulen ist so ausgeprägt, dass es schwerfällt, sie irgendwo zwischen anderen Vogelgruppen anzusiedeln. In den systematisch angeordneten Vogel-Bestimmungsbüchern findet man sie ziemlich beziehungslos irgendwo zwischen Papageien und Kuckucken einerseits und Nachtschwalben (Schwalmvögeln), Seglern und Kolibris andererseits. Worauf diese Platzierung im Einzelnen beruht, wollen wir aber getrost den Taxonomen überlassen und uns mit der neuerlichen Feststellung begnügen: Eulen sind etwas Besonderes.

Bei den Abbildungen beschränken wir uns auf die 13 europäischen Eulenarten, die immerhin das gesamte Größenspektrum von Uhu und Schnee-Eule bis hinunter zum winzigen Sperlingskauz repräsentieren. Im Text werde ich aber immer wieder mal auch einen Blick über den europäischen Tellerrand hinaus werfen, um die ganze Vielfalt der Erscheinungen dieser sonst recht einheitlichen Gruppe wenigstens punktuell zu beleuchten.

Eulen haben wie alles nächtlich Geheimnisvolle die Fantasie der Menschen immer wieder und in der unterschiedlichsten Weise angeregt. Ihre oft nicht eben melodiösen »Gesänge« und Rufe gelten als schaurig und haben dazu geführt, die ahnungslosen Kreaturen als »Todesboten« abzustempeln. (Sehr ähnlich klingende Rufe tagaktiver Tauben riefen meines Wissens dagegen nie ähnliche Assoziationen hervor.) Auf der anderen Seite erwecken ihre runden Köpfe mit den großen, nach vorn gerichteten Augen und ihre tagsüber meist bedächtigen Bewegungen den Eindruck weiser alter Menschen. Der Steinkauz trägt daher den wissenschaftlichen Namen der griechischen Göttin Athene, die unter anderem auch für die Weisheit zuständig war. Darüber hinaus spielen Eulen oder Käuze (kein Unterschied, wie wir sehen werden) in Kunst, Dichtung und volkstümlichen Redewendungen eine erstaunliche Rolle. Wir möchten Ihnen auch davon einige Kostproben geben.

Am Ende finden Sie zu jeder der 13 europäischen Eulenarten eine kurze Beschreibung ihrer Merkmale, ihrer Verbreitung und ihres Vorkommens, ihres Verhaltens und ihrer Stimme sowie ein Wort zu Gefährdung und Schutz der Art.

Als größte Eule der Welt trägt der Uhu die Bezeichnung »König der Nacht« durchaus zu Recht.

Weisheitsvogel und Todesbote

Eulen in Mythos und Kunst

Vögel der Nacht. Doppelt fremd dem Menschen durch Tageszeit und Federkleid. Doch auch verwandt in gnomenhaft verzerrter Weise durch ihre aufgerichtete Zweibeinigkeit und diese großen Augen, die uns wie erstaunt, erschrocken oder hintersinnig anschauen – im Grunde aber eigentlich nur starr und ohne erkennbaren Ausdruck. Eulen haben immer schon die Menschen in Staunen und Ehrfurcht versetzt, mit geisterhaftem Flug und schaurigen Rufen an dunklen und entlegenen Orten. Als Vögel der Weisheit gelten sie ebenso wie als Boten des Todes. Strix, ihr wissenschaftlicher Gattungsname (erhalten auch in der Bezeichnung »Strigiformes« für die gesamte Gruppe), heißt nichts anderes als »Hexe«. Wobei nicht zu ergründen ist, ob man die Hexe nach der Eule oder die Eule nach der Hexe benannte.

Hass aus Angst vor dem Unverständlichen ist oft mit schauriger Faszination verbunden. Die Verfolgung von Menschen, denen man übernatürliche Kräfte zuschrieb, ist darum so alt wie Zauberei und Aberglauben selbst. Die Hexenverfolgung im Mittelalter war wohl nur ein instrumentalisierter hysterischer Höhepunkt der alten Tradition, sich unbequemer Mitmenschen zu entledigen, im Grunde ein Rückfall in düstersten Aberglauben und Selbstjustiz, unter dem Banner einer allein selig machenden Wahrheit. Immerhin war man schon Jahrhunderte früher, zu Zeiten Karls des Großen, deutlich aufgeklärter. Da hatte man 785 auf dem Konzil zu Paderborn nämlich beschlossen: »Wer vom Teufel verblendet nach Weise der Heiden glaubt, es sei jemand eine Hexe und fresse Menschen, und diese Person deshalb verbrennt oder ihr Fleisch durch andere essen lässt, der soll mit dem Tode bestraft werden.« Was immerhin auch ein Licht wirft auf gewisse Gebräuche in der Bevölkerung.

Dass die Neuzeit sich eher durch eine aufgeklärtere Gesetzgebung als durch eine alle Bevölkerungsschichten durchdringende neue Vernunft auszeichnet, lässt sich unter anderem an den Gebräuchen erkennen, die da und dort – besonders in ländlichen Regionen – durchaus noch weit verbreitet sind. Zwar werden hierzulande keine alten Kräuterweiblein oder rothaarigen Schönheiten mehr denunziert und öffentlich verbrannt. Mit manchen Tieren, die einem irgendwie unheimlich sind, verfährt man aber oft wie in alten Zeiten: Eulen aller Art werden nach wie vor geschossen oder gefangen und an Scheunentore und Stalltüren genagelt, um Krankheiten vom Vieh abzuhalten. Die EU-Vogelschutzrichtlinie, die solches Tun in allen 27 Ländern der Europäischen Union verbietet, ist den Tätern in der Regel wohl weder bekannt, noch wäre sie ihnen einsehbar.

Wegen ihrer nächtlichen Lebensweise und ihres großen Talents, sich tagsüber zu verstecken, begegnen Eulen den Menschen weit häufiger

Nicht nur Eulen wie der kleine Steinkauz wissen die Ungestörtheit alter Friedhöfe zu schätzen.

Vorhergehende Doppelseite: Steinkauz im Abendlicht.

Einen recht ungewöhnlichen Platz für die Aufzucht seiner zwei Jungen wählte ein Uhu in einem Hamburger Friedhof (beide Bilder).

aufgrund ihrer Rufe als durch ihre Erscheinung. Und diese nächtlichen Rufe sind selten so anheimelnd wie die weichen und oft im Duett zu hörenden Glockentöne der Zwergohreule. Das tiefe »uuh-ho« des Uhus, das sich aus der Ferne wie ein todtrauriges Seufzen anhört, kann immerhin noch als leidlich wohlklingend gelten. Die Rufe unserer häufigsten Eule, des Waldkauzes, muten hingegen schon eher schrecklich und angsteinflößend an. Während sein eigentlicher Gesang noch einigermaßen erträglich ist – ein tiefes, gedehntes »huuuuh«, dem nach einer kurzen Pause eine bibbernde Serie von »hu-hu-hu-hu ...« folgt, die wieder in einem langen »huuuuh« endet –, gehen einem seine schrillen »kju-wick«-Alarmrufe durch Mark und Bein. Da wundert es nicht, dass die Menschen ihn als Todesvogel brandmarkten, der vor dem Fenster der Sterbenden sein »Komm mit« ruft.

Auch in anderen Weltgegenden und Kulturen, wo deutschsprechende Waldkäuze gar nicht vorkommen, wurden und werden Eulen vielfach mit dem Totenreich und der Seelenwanderung in Verbindung gebracht. In vielen Naturreligionen – etwa bei den Indianern Nordamerikas, den Jägern Japans, in Teilen Afrikas und Arabiens, in Australien und im alten China – galt die Eule als Mittlerin zwischen den Welten. Was auf eine freundlichere Beziehung zu den Nachtvögeln hinweist. Hierzulande überwog aber wohl stets das leichte Gruseln vor den unsichtbaren Nachtvögeln. Und wie gesagt, beruht viel davon auf den befremdlichen Geräuschen, die einen in finsterer Nacht verschrecken. Tatsächlich klingen manche von Eulen produzierten Laute noch viel beängstigender als das »Komm mit« des Waldkauzes. Und das nicht ohne Absicht. Junge Schleiereulen fauchen bei

Uhu fliegt in der Dämmerung auf Jagd.

Störung in der Nisthöhle wie Katzen und knappen dazu mit dem Schnabel, als wollten sie einem die Knochen brechen. Ganz allgemein verfügen Eulen über eine Vielzahl bellender, fauchender, krächzender, heiser quietschender oder schriller Warn- und Alarmrufe. Viele beherrschen zudem die Kunst des abschreckenden Schnabelknappens. Kurzum: Das Lautrepertoire der Eulen hat mindestens in gleichem Maße wie ihr Treiben im Schutze der Dunkelheit dazu beigetragen, Angst und Aberglauben bei den Menschen zu schüren. Der Schritt zum allgemeinen Unglücksboten und Dämon war nur klein.

Eulen sind den Menschen aber nicht nur Sinnbild des Bösen und Unheimlichen, sondern auch Sinnbild des Guten – und das nicht nur bei fernen Völkern. Überall und zu allen Zeiten trifft man in Mythos, Volksglauben und Symbolik der Kulturen auf die widersprüchlichsten Vorstellungen und Bilder von Eulen. Das böse Bild hängt, wie wir sahen, mit ihrer nächtlichen, uns Tagmenschen unheimlichen Lebensweise und ihren »haarsträubenden« Lautäußerungen zusammen. Das gute Bild beruht dagegen wohl vor allem auf der Menschenähnlichkeit vieler Eulengesichter. Nicht nur sind ihre Augen wie unsere nach vorn gerichtet, sie verfügen auch über Lider, die wie unsere von oben nach unten das Auge schließen. Was im Gegensatz zum Schließmechanismus der meisten anderen Vögel und vieler anderer Tiere steht, die von unten nach oben oder von innen nach außen die sichtbare Welt ausblenden. Hinzu kommt die aufrechte Haltung. Derlei Ähnlichkeiten genügen offenbar, um ihren Trägern menschliche Eigenschaften wie Intelligenz und Weisheit zu unterstellen. Die Eule wird daher häufig als Symbol

Die Eule, auf einem Stapel Büchern sitzend, wird oft von Buchhandlungen als Emblem gewählt.

Ausschnitt aus Hieronymus Boschs »Garten der Lüste« (um 1503/04).

1508

Diese Zeichnung von Albrecht Dürer zeigt ein »Käuzchen« (1508).

»Stillleben mit Eule im Käfig« von Pablo Picasso (1947).

der Weisheit mit Doktorhut, Talar und Brille oder auch auf Büchern sitzend dargestellt. Viele Schulen, Universitäten, Bibliotheken, Buchhandlungen und Verlage haben die Eule als Emblem gewählt.

Bereits im alten Griechenland genossen Eulen – insbesondere Vertreter der in den Mittelmeerländern häufigen kleinen Arten wie Steinkauz und Zwergohreule – zumindest bei den Geistesgrößen der Zeit hohes Ansehen. Als von der Göttin Athene auserwählter Weisheitsvogel stand der Steinkauz zudem unter allerhöchstem Schutz. Auf den griechischen Münzen war auf der Vorderseite der Kopf der Athene abgebildet, während ein Steinkauz mit Ölzweig und Mond die Rückseite zierte. Die Münzen wurde daher auch kurz »Eulen« genannt. Da die Menschen des alten Athen als reich galten, also viele »Eulen« besaßen, heißt auch heute noch »Eulen nach Athen tragen« etwas Überflüssiges tun.

Griechische Münze »Tetradrachmon« aus Athen (um 550 v.Chr.).

Bei so viel Mythologie und fantastischem Aberglauben nimmt es nicht Wunder, dass man in der Kunst immer wieder auf das Eulenmotiv stößt. Die wahrscheinlich älteste Darstellung von Eulen, zumindest in der europäischen Region, stammt aus der altsteinzeitlichen Höhle von Trois Frères, die in den südfranzösischen Pyrenäen liegt. Dort fand man neben Zauberern, Bisons und Wildeseln auch eine Schnee-Eule abgebildet, eine Art, die heute nur im äußersten Norden Europas vorkommt.

Wunderschöne, in ihrer einfühlsamen Abstraktion sehr modern wirkende Abbildungen entdeckte man auch in den Megalithgräbern

»Die Nacht« – Skulptur von Michelangelo in der Medici-Kapelle, Florenz (1526).

der Jungsteinzeit. Etwa auf Schiefertäfelchen in Ganggräbern aus der portugiesischen Provinz Alentejo. Bei den alten Ägyptern stand eine stilisierte Eule als Hieroglyphe für den Buchstaben M. Eulen galten den Nilkulturen als Sendboten aus dem Totenreich.

In Florenz befindet sich in der Medici-Kapelle das von Michelangelo geschaffene Grabmal des Giuliano de' Medici, auf dem eine trauernde Göttin der Nacht dargestellt ist. Unter ihrem (erstaunlich männlich wirkenden) angezogenen Bein sitzt eine recht naturgetreu nachgebildete Eule als Symbol der Nacht und des Todes. Derlei Darstellungen finden sich in der europäischen wie außereuropäischen Bildhauerei und Malerei immer wieder.

Etwa zu der gleichen Zeit wie Michelangelos Eule auf dem Grab des Medici-Fürsten (Anfang des 16. Jh.) entstanden die allegorischen Gemälde des Hieronymus Bosch (1450–1516). Kunsthistoriker haben nachgezählt: Über vierzig Mal ist in seinen meist allegorischen Darstellungen eine Eule abgebildet. Im Gegensatz zu vielen anderen Künstlern galt die Eule dem holländischen Maler als Sinnbild menschlicher Bosheit und Unmoral. In seinem bekannten Werk »Garten der Lüste« symbolisiert eine geduckte Eule die Wollust. Der Nürnberger Maler Albrecht Dürer hingegen fertigte um die gleiche Zeit sehr naturgetreue, fast naturkundliche Konterfeis von vielerlei Pflanzen und Tieren, darunter auch von einem noch jungen Waldkauz.

Selbst in der modernen Malerei fand die Eule, wie auch die Taube, ihren Niederschlag. Etwa bei Pablo Picasso, dessen Keramikskulptur das »Kauzige« betont. Seine mit wenigen Strichen hingeworfenen Zeichnungen heben gewissermaßen das Urbild der Eule (oder der Taube) hervor – und knüpfen damit nahtlos an steinzeitliche Darstellungen an, wie wir sie aus Höhlen wie Trois Frères kennen.

Uhu im Abendlicht.

Waldkauz an seinem Tagesschlafplatz.

←

Steinkauz im abendlichen Gegenlicht.

Nächtliche Jäger

Was an Eulen so besonders ist

Als ich während der Arbeit an diesem Buch im Freundeskreis das Thema Eulen erwähnte, sagte einer der Anwesenden mehr feststellend als fragend: »Eulen gehören doch nicht zu den Vögeln, oder?« Ich traute meinen Ohren nicht und glaubte, man wolle mich auf den Arm nehmen. Doch es war dem Frager offenbar ernst, und seine Verwirrung war echt, als ich lachend meinte: »Nein, nein, die gehören natürlich zu den Amphibien beziehungsweise eher zu den Reptilien.« Da ich aber nicht sicher war, ob meine faustdicke Ironie auch richtig verstanden worden war, fügte ich schließlich noch etwas gönnerhaft hinzu: »Alles, was Federn trägt, lieber Freund, gehört zur Klasse der Vögel.« Nebenbei: Der Mann war beileibe nicht irgendwer, sondern Gymnasiallehrer – wenn auch aus dem geisteswissenschaftlichen Fachbereich.

Auf dem Heimweg ging mir die Sache noch immer durch den Kopf. Mag auch die Frage vielleicht nur unüberlegt gewesen sein, so zeigt sie doch, wie sehr unsere Vorstellung von Vögeln mit Tagaktivität, mit mehr oder weniger bunten Federkleidern, mit Gesang und flinker Lebensweise zusammenhängt. Eulen passen irgendwie nicht so recht in dieses Schema. Allein schon ihre nächtliche Lebensweise unterscheidet sie vom Gros der Vögel: Weniger als drei Prozent aller Vögel sind nachtaktiv und mehr als die Hälfte davon wiederum sind Eulen. Sie bilden wirklich eine sehr eigenartige Gruppe. Und eine in sich – trotz erstaunlicher Größenunterschiede – recht einheitliche dazu.

Die beeindruckende Physiognomie eines Bartkauzes.

Vorhergehende Doppelseite: Ein Bartkauz stößt im Schnee auf seine Beute hinunter.

Die immer noch beliebte Unterteilung in rundköpfige Käuze und »echte« Eulen hat sich längst als bloß äußerlicher, nämlich weitgehend durch das Federkleid bestimmter Unterschied herausgestellt. Wenn schon Trennung, so verläuft eine anatomisch belegbare, wenn auch nicht besonders auffällige Grenze zwischen der kleinen Gruppe der Schleier- und Maskeneulen (Tytonidae) und allen übrigen Eulen (Strigidae). Alle Masken- und Schleiereulen haben z. B. eine kammartige Putzzehe, die anderen Eulen fehlt.

Auch die früher übliche Nähe, in die man die »Nacht-Greifvögel« zu den »Tag-Greifvögeln« rückte, hat sich als eher naiv erwiesen. Gewisse Ähnlichkeiten zwischen Eulen und tagsüber jagenden Adlern, Bussarden und Konsorten – Hakenschnabel, Dolchkrallen, nach vorn gerichteter Blick beispielsweise – sind Anpassungen an einen ähnlichen Nahrungserwerb und sagen nichts über eine gemeinsame Herkunft aus. Derlei in unterschiedlichen Tiergruppen auftretenden Merkmalsparallelen nennt der Biologe Analogien, und die sind (im Gegensatz zu anatomischen, verhaltensbiologischen oder biochemischen Homologien) untauglich zur Erforschung verwandtschaftlicher Beziehungen. Die vergleichende Anatomie hat hingegen gezeigt, dass alle Eulen der Erde gleiche und bei anderen Vögeln nicht

Schleiereulen-Paar im Winter im Stall. Nur hier finden sie in dieser Jahreszeit noch Mäuse.

vorkommende Merkmale aufweisen. So etwa einen Knochensteg am Unterarmknochen, der anatomisch unserer »Speiche« entspricht. Sie unterscheiden sich dadurch selbst von relativ nahe stehenden Vogelgruppen. Woraus man schließen kann, dass alle Eulen – auch Schleiereulen und »Käuze« – von gemeinsamen Vorfahren abstammen. Diese Vorfahren trennten sich vom übrigen Vogelstamm vermutlich vor 60.000 Jahren, zu einer Zeit, da die Gruppe der Säugetiere mit mäuseartigen, nacht- und dämmerungsaktiven Kleinsäugern gerade anfing, sich stark zu entfalten. Das machte die nächtliche Jagd auf huschende Bodentiere zu einer attraktiven »Marktnische«. Und weil sich das Modell Maus als langfristiges Erfolgsmodell der Evolution erwies, konnte sich auch das Modell Eule über die Jahrtausende prächtig entfalten. Tatsächlich erwies sich die Strategie der nächtlichen Jagd über all die Jahrtausende als so erfolgreich, dass man heute an ihren Job auf unterschiedliche Weise bestens angepasste Eulen in allen Erdteilen und Klimazonen findet.

Allein unsere Schleiereule ist (in 30 Unterarten) über nahezu alle wärmeren Regionen der Welt verbreitet. Die hohe Anpassungsfähigkeit an die verschiedensten Lebensbedingungen hat zur Herausbildung immer neuer Formen geführt. Die heute noch lebenden Eulen präsentieren sich in einer Vielfalt von rund 200 Arten mit vielen Unterarten. Die meisten von ihnen leben in Wäldern oder wissen zumindest Bäume als Versteck und Schlafplatz oder als Ansitz bei der Jagd zu schätzen. Einige sind aber durchaus auch an das Leben in Steppen, Wüsten, Sümpfen oder sogar der arktischen Tundra angepasst.

Eine am Tag fliegende Sumpfohreule sucht das Gelände nach Beute ab.

Das Gesicht eines Uhus hat etwas Faszinierendes.

Außerdem gibt es neben den typischen Nachtjägern Arten, die das Tageslicht keineswegs scheuen. So schläft unser Sperlingskauz nachts und geht in der Morgen- und Abenddämmerung auf die Jagd, lässt dann auch seine Rufe hören und erledigt Körperpflege und das Füttern der Jungen. Ist der Nachwuchs schon größer, verschieben sich die Aktivitäten des kleinen Vogels noch mehr in die Tagesstunden. Auch die Sumpfohreule gehört zu jenen Eulen, die man am helllichten Tag bei der Mäusejagd oder beim Umherstreifen beobachten kann.

Zahlreiche spezielle Anpassungen in Körperbau und Verhalten belegen die hohe Plastizität des Erfolgsmodells Eule. Am auffälligsten sind dabei die Größenunterschiede: Die weltweit größte Art, unser Uhu, ist mit 4 kg rund hundert Mal so schwer wie der in Mexiko und Umgebung lebende Elfenkauz, der gerade einmal 40 g auf die Waage bringt. Entsprechend unterschiedlich sind ihre Beutetiere, die beim Uhu vom Igel bis zur Waldohreule, ja bis zu Hauskatze und Rehkitz reichen, während sich der Elfenkauz hauptsächlich von Insekten ernährt.

Ein Waldkauz kurz vor dem Ergreifen seiner Beute.

Bei aller Formenvielfalt sind Eulen selbst vom Laien ohne Schwierigkeiten sofort als solche zu erkennen. Schon die Gestalt ist charakteristisch: Wie kleine braune Männchen wirken sie in ihrer aufrechten Haltung, mit ihrem großen Kopf und den – für Vögel so ganz untypisch – nach vorn gerichteten Augen. Besonders diese Augenstellung, die der unseren gleicht, trägt wesentlich zu der Faszination bei, die diese Vögel auf die meisten Menschen ausüben.

Selbstverständlich hat das Ganze seinen biologischen Sinn und Zweck. Als Jäger schnell huschender Beute brauchen Eulen eine sehr präzise Entfernungspeilung. Je weiter sich die Sehfelder der beiden Augen überschneiden,

desto besser funktioniert das. Allerdings auf Kosten der Rundumsicht. Waldschnepfe und Feldhase etwa – beide mehr darauf angewiesen, nahende Feinde zu erspähen, als ihre Nahrung genau zu fixieren – überblicken mit ihren völlig seitlich stehenden Augen den gesamten Horizont, ohne den Kopf zu bewegen. Eulen dagegen überblicken statt 360 Grad nur einen Winkel von 160 Grad, über 100 Grad überlappen sich die Sehfelder beider Augen perspektivisch. Zum Vergleich: Unser Gesichtsfeld (bei unbewegten Augen) umfasst 220 Grad, davon überschneiden sich nur 60 Grad, in denen wir Entfernungen »messen« können. Ihr relativ enges Gesichtsfeld vermögen Eulen aber durch eine beneidenswerte Kopfakrobatik zu kompensieren. Ohne ihren Körper zu bewegen, können sie so ihr gesamtes Umfeld überblicken.

Die Beweglichkeit ihres Kopfes setzen Eulen jedoch nicht nur ein, um rundum zu schauen. Auch beim Fixieren eines Gegenstandes drehen sie ihren Kopf, bis ihr Gesicht fast »upside-down« steht, oder sie schieben den Kopf hin und her, als wollten sie Halswirbelgymnastik machen. Besonders unser kleiner Steinkauz ist ganz groß in solchen Verrenkungen. Alles geschieht ruckartig, sodass man den Eindruck gewinnt, der kleine Kobold ziehe eine Schau ab. Auf den Beobachter wirkt derlei ausgesprochen erheiternd.

Kammförmige Strukturen am Rand der Schwungfedern (hier einer Schleiereule) reduzieren Fluggeräusche auf ein Minimum.

Nicht weniger bemerkenswert ist das Federkleid. Farben und Muster ihres Gefieders lassen diese Tarnkünstler in einer Weise mit ihrer Umgebung verschmelzen, dass eine im Geäst ruhende Eule nicht nur unserem Blick, sondern auch den schärferen Augen vieler Klein- und Greifvögel entgeht. Meisen, Finken und andere kleine Waldvögel fangen nämlich zu schimpfen und zu warnen an, wenn sie den »Schrecken der Nacht« an seinem Tagesschlafplatz entdecken. Und solche Protestversammlungen finden längst nicht so häufig statt, wie man vermuten sollte. Auch den scharfen Augen des Habichts entgehen offenbar die meisten Eulen an ihrem Tagesschlafplatz, die ansonsten wohl eine leichte Beute wären.

Nun ist das Federkleid der Eulen aber nicht nur wunderschön dezent gefärbt und fantasievoll gemustert, es ist auch ungewöhnlich weich und flauschig. Das hängt mit ihrer Hauptbeute, den Mäusen, zusammen. Die Entwicklung sowohl des Jägers als auch seiner Beute findet im Lauf der Evolution ja gewissermaßen in einer Art Wechselspiel statt – man könnte auch sagen: in einer Art Wettrüsten. Je feiner das Gehör der Mäuse jede Bewegung ihrer Feinde registriert, desto mehr müssen Eulen (und andere Mäusejäger) Strukturen und Verhaltensweise entwickeln, um sich ihrer Beute möglichst unbemerkt nähern zu können.

Eulen tragen ein regelrechtes »Flüstergefieder«. Wer schon einmal einen Eulenflügel in der Hand hatte, weiß, dass der in seiner großflächigen Weichheit nicht für Hochgeschwindigkeiten gebaut ist, wie etwa ein Enten- oder Falkenflügel. Ganz allgemein sind Eulenflügel ungewöhnlich breit, fast oval-rund, was einen auffällig langsamen Flug ermöglicht und gleichzeitig störende Fluggeräusche vermeidet. Hinzu kommen besondere Federstrukturen, die zum lautlos-mottenhaften Eulenflug beitragen: Der Vorderrand der äußeren Handschwingen weist eine borstige Sägekante auf, und die Oberfläche der Federfahnen ist samtartig aufgeraut. Beides verhindert scharfe Fluggeräusche durch feinste Verwirbelungen. Sogar von Mäusen wahrnehmbare Ultraschallgeräusche werden so vermieden.

Ganz anders sieht das Federkleid vieler Jungeulen aus. Das wäre für den normalen Waldspaziergänger von geringer Bedeutung, wenn alle jungen Eulen wie andere Vögel schön brav im Nest blieben, solange sie noch ihr Dunenkleid tragen. Dem ist aber oft nicht so, weshalb besonders junge Waldkäuze – die wie schmutzig-weiße Staubwedel aussehen – immer wieder von besorgten Spaziergängern als »aus dem Nest gefallene« oder »verletzte« Vögel ins Tierheim oder zur Polizei gebracht werden. In Wirklichkeit ist es nicht nur bei Waldkäuzen, sondern bei vielen Eulen durchaus üblich, die Geborgenheit der Kinderstube (Nest oder Bruthöhle) frühzeitig zu verlassen und als sogenannter Ästling schon einmal auf Wanderschaft zu gehen, bevor die Flügel eine effizientere und gefahrlosere Art der Fortbewegung ermöglichen. Da tragen die Kleinen noch ihr zweites Dunenkleid.

Frisch geschlüpfte Eulen sehen wie alle Nesthocker ziemlich bemitleidenswert aus. Sie sind nicht nur blind und völlig unbeholfen, sondern auch noch halbnackt. Das erste, schon im Ei gewachsene Dunenkleid ist weiß und recht schütter. Da müssen die Eltern in den ersten Tagen noch viel »hudern« – wie man das Warmhalten unter den elterlichen Fittichen nennt. Glücklicherweise wachsen die Dunenkiele rasch wie Kresse in der Sonne. Was nachkommt, sind »halb-dunige« Federn, die den Nestling bald warm und flauschig umhüllen. Je nach Art ist dieses »Staubwedel«-Kleid von weißlich-grau bis beige und schokobraun gefärbt. Die dünnen Eidunen der ersten Tage

Alters- und Ernährungsunterschiede können bei Waldkauz-Geschwistern zu deutlichen Größenunterschieden führen.

Murmeltiere werden von Uhus in der Alpenregion gern geschlagen.

bleiben bei allen Eulen an der Spitze der nachwachsenden Federn erhalten und geben den Jungen dieses allerliebst flauschige Aussehen. Nur die Schleiereulen tanzen auch hier aus der Reihe, indem sie – wie übrigens die meisten anderen Vögel – die ersten Dunen verlieren und ein zweites weißes Dunenkleid ausbilden, bevor sie ihr wunderschönes Schleiereulengewand anlegen. Sehr apart wirken junge Raufußkäuze, deren Nestlings- und Ästlingskleid tief sattbraun ist – ganz im Gegensatz zum üblicheren Grauweiß etwa junger Waldkäuze.

Zum Thema Eulenästlinge hier noch ein Rat für alle, die so ein vertrauensvolles Plüschkind auf einem niedrigen Ast entdecken: Lassen Sie es an Ort und Stelle (wo es von seinen Eltern noch lange Zeit gefüttert wird). Einen bei seinen Kletterversuchen auf dem Boden gelandeten Jungvogel sollten Sie vorsichtig von hinten umfassen (seine Krallen sind sehr scharf!) und auf einen Ast außerhalb der Reichweite von Hunden, Katzen, Füchsen und anderen Bodenfeinden setzen.

Flugfähige Jungeulen sehen ihren Eltern bald sehr ähnlich. Wie überhaupt verschiedene Kleider (wie bei anderen Vögeln) bei Eulen nicht üblich sind. Auch Männchen und Weibchen sind in der Regel kaum oder gar nicht zu unterscheiden; allenfalls ist das Weibchen etwas größer. Eine Ausnahme unter den europäischen Eulen bildet hier die Schnee-Eule. Da sind die alten Männchen meist schneeweiß, während die Weibchen mehr dem Tarneffekt einer Schwarz-Weiß-Zeichnung vertrauen.

Ein badender Waldkauz bietet einen eher komischen Anblick.

Diese Uniformität des Federkleides hängt natürlich mit der nächtlichen Lebensweise der meisten Eulen zusammen. Bekanntlich sind nachts alle Katzen grau. Da machen prächtige Farben und Formen, wie man sie bei den Männchen vieler Vogelarten findet, keinen Sinn. (Bezeichnenderweise sind Schnee-Eulen in den langen Sommertagen des Nordens weitgehend zu tagaktiven Vögeln geworden.) Eulenmännchen imponieren ihren Weibchen vor allem durch mehr oder weniger »schaurige Gesänge« – die im Übrigen auch (wie bei anderen Vögeln) der Reviermarkierung dienen, also potenziellen Rivalen schon aus der Ferne kundtun sollen: Dieses Revier ist schon besetzt, nur Damenbesuche sind erwünscht. Übrigens: Nicht nur hinsichtlich ihres Outfits sind Eulen ein Vorbild an Gleichberechtigung von Mann und Frau, sondern auch bei den Gesängen (die bei den Singvögeln bekanntlich meist reine Männersache sind). Trotzdem kann man häufig die Stimmen weiblicher und männlicher Eulen unterscheiden: Die der Weibchen sind nicht selten höher als die der Männchen, was ziemlich erstaunlich ist, da die Weibchen ja oft größer sind als die Männchen. An Gesangseifer hingegen können es die (mit Wichtigerem beschäftigten) Weibchen keinesfalls mit ihren Männchen aufnehmen – die singen oft die ganze Nacht.

Schleiereule beim Mäusefang in einer Scheune.

Folgende Doppelseite: Waldohreule fliegt durch winterliche Landschaft der Schwäbischen Alb.

ECA

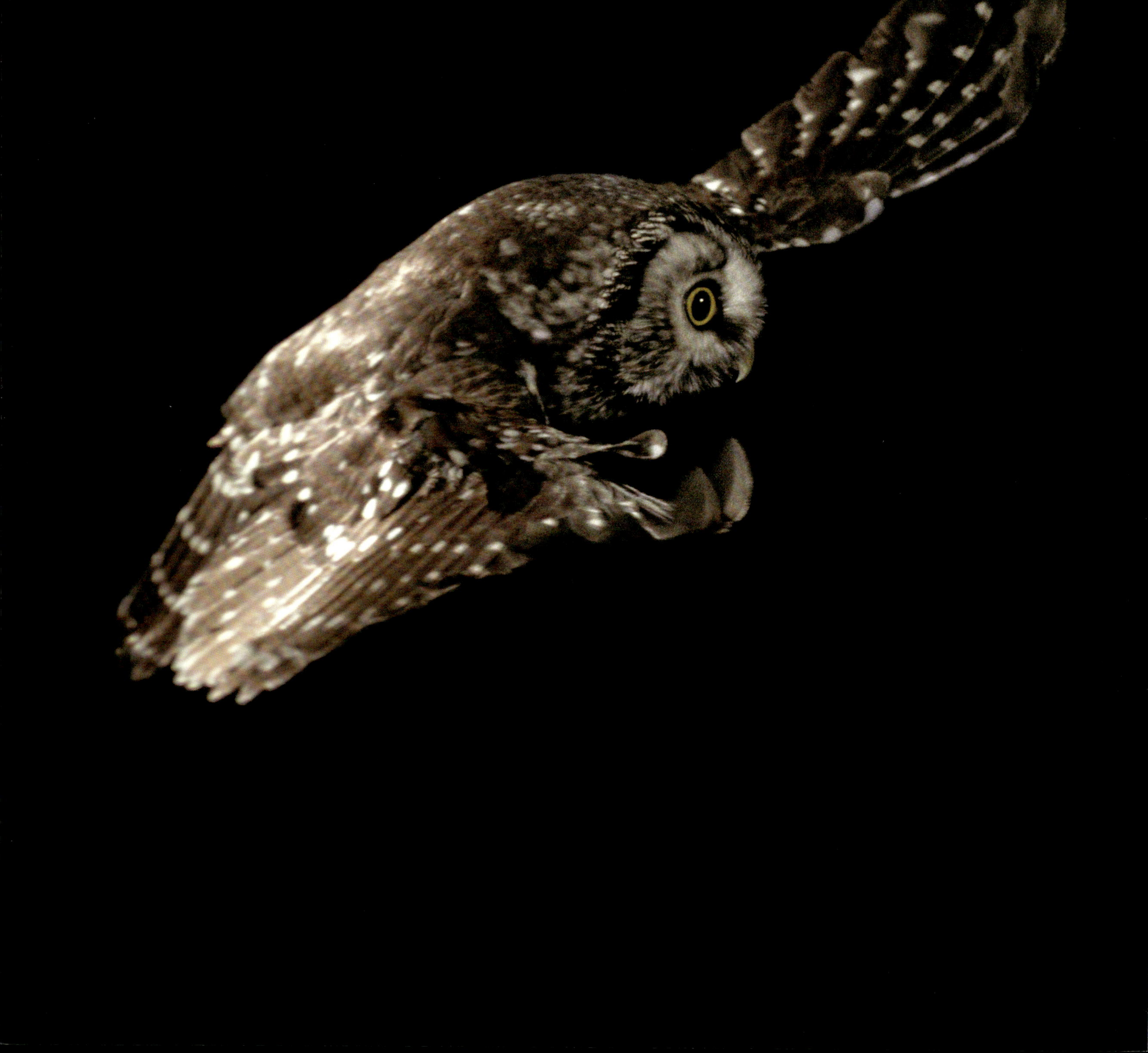

ERFAHRUNGSBERICHT

Labormäuse für den Bartkauz

Finnland 2008. Wir haben uns mit Kennern der Region verabredet, um Bartkäuze zu fotografieren. Diese nach Uhu und Schnee-Eule größte europäische Eule hat in Schweden und Finnland ihre stärksten kontinentaleuropäischen Populationen, ist im Übrigen aber in den nördlichen Nadelwäldern (Taiga) fast rund um den Pol verbreitet: von Skandinavien bis Ostsibirien und dann quer durch Kanada, in den USA sogar südwärts bis zur Sierra Nevada in Kalifornien. Der Bartkauz ist eine wunderbare Eule, groß, grau, mit leuchtenden Bernsteinaugen.

Das Jahr scheint allerdings nicht das beste zu sein. Nur wenige Paare haben gebrütet, sagt man uns, und die wenigen haben Probleme, ihre Jungen durchzubringen. Trotz seiner Größe lebt der Bartkauz während der Brutzeit zu 98 Prozent von Kleinsäugern, Erdmäusen hauptsächlich sowie anderen Mäusen und Spitzmäusen. Dass Eulen in ihrer Fortpflanzung extrem von der Häufigkeit ihrer Hauptbeutetiere abhängen, ist allgemein bekannt. Aber was wir hier erlebten, war doch eine große Überraschung.

Unser Gewährsmann brachte uns zu einem der wenigen Brutpaare, von denen man wusste, dass sie drei Junge haben. Nach stundenlangem Ansitzen taucht endlich das Männchen auf. Die Jungen sind wohl noch klein, sodass das Weibchen noch nicht selbst auf die Jagd geht. Es muss vom Männchen mitversorgt werden. Doch was wir da bei der Beuteübergabe an der Nisthöhle erblicken, sieht eher nach einem

Erfolgreiche Jagd: Bartkauz mit Beute.

Vorhergehende Doppelseite: Raufußkauz bei nächtlicher Punktlandung. (Mehrfachbelichtung)

Bartkauz füttert sein Junges im Ästlingsalter.

kleinen Waldvogel aus. Offenbar ist der Mäusemangel wirklich gravierend.

Auch in den folgenden Tagen können wir fast ausschließlich Vögel als Beute erkennen. Und die werden nur in stundenlangen Abständen gebracht. Die Familie scheint sich in echten Schwierigkeiten zu befinden. Wir planen ein Experiment: Zufüttern mit toten Labormäusen.

Zwei davon legen wir am nächsten Tag auf einem Baumstumpf aus. Zu unserer Freude werden sie schon nach kurzer Zeit entdeckt – und zwar nicht von dem jagenden Männchen, sondern vom Weibchen, das kurz die Höhle verlässt, um erst die eine und dann die andere Maus zu holen und damit im Brutbaum zu verschwinden. Ich gebe zu, wir freuten uns nicht nur als Tierfreunde, sondern auch als Fotografen über diese Entwicklung.

Nach wenigen Tagen schien das Weibchen – und später auch das Männchen – geradezu auf unsere Mäuse zu warten. Zuletzt saß ein Altvogel wartend und ohne abzufliegen in weniger als zehn Meter Entfernung von dem Baumstumpf, auf dem wir unsere Lockspeise abzulegen pflegten. Wir bekamen nicht nur gute Fotos, sondern hatten auch ein gutes Gefühl, denn wir lieferten der Familie bis zum Flüggewerden der Jungen eine wahrscheinlich lebensrettende Nahrungsgrundlage.

Torsten Pröhl

Die beeindruckende Sequenz eines jagenden Bartkauzes (links). Volle Konzentration kurz vor dem Zuschlag (rechts).

Verstümmelt

Meine Frau und ich betreiben eine kleine Auffangstation für Greifvögel und Eulen. Leider kommen ja immer noch viel zu viele von diesen doch immerhin auch »nützlichen« Mäusejägern durch gezielte Maßnahmen unserer lieben Mitbürger ums Leben – oder zumindest um die Gesundheit. Wobei das Erste für die Population, das Zweite für den einzelnen Vogel meist ein großes Unglück darstellt.

Letztes Jahr im späten Herbst brachten uns Bekannte einen Waldkauz, den man geschwächt an einem Waldrand aufgegriffen hatte. Zu unserem Erstaunen hatte der Vogel keine Fänge mehr. Der Ausdruck »Fang« kommt aus der Jägersprache und beschreibt anschaulich die Bedeutung der »Füße« der Greifvögel und Eulen. Zumal das landläufige Wort »Fuß« bei Vögeln ohnehin schlecht passt, da ihr »Fuß« weit hinauf bis zum (falschen, weil nach hinten knickenden) »Knie« reicht, also funktionell nur aus den Zehen und den bei Greifvögeln und Eulen besonders mächtig ausgebildeten Krallen besteht. Eine Eule ohne ihre wichtigsten Werkzeuge für den Nahrungserwerb!? Zu unserem grenzenlosen Erstaunen waren die fehlenden Greifwerkzeuge des uns übergebenen Waldkauzes »sauber« abgetrennt und die Wunden tadellos verheilt. Der Vogel muss also – nachdem er wohl in eine Schlagfalle geraten war – noch mehrere Wochen, vielleicht Monate mit seinen nicht einmal zum Gehen geeigneten Stümpfen überlebt haben.

Wie er das geschafft hat, kann man sich nur schwer vorstellen. Wahrscheinlich hat er sich den Sommer über weitgehend von Insekten, Regenwürmern und anderen Bodentieren ernährt. Und das dürfte schwierig genug gewesen sein, da er mit seinen Beinstummeln sich zumindest anfangs wohl auch kaum fortbewegen konnte. Ganz zu schweigen vom Mäusefang, den die meisten Greifvögel und Eulen bekanntlich im Sturzflug und mit raschem Zugriff mit ihren dolchartigen Klauen bewerkstelligen. Dann und wann mag unserem Findling wohl auch einmal eine Feldmaus vor den Schnabel gelaufen sein. Mehr Zufall als Jagdglück.

Dieser Fall zeigte uns einmal wieder, wie enorm anpassungsfähig selbst so hoch spezialisierte Tiere wie Eulen sind – und wie zäh der Lebenswille jeglicher Kreatur ist. Trotzdem entschlossen wir uns, nach Besprechung mit dem Tierarzt, den kläglich auf seinen Beinstummeln vegetierenden Vogel einzuschläfern.

Torsten Pröhl

Wenn ein Waldkauz in seinem Tagesversteck überrascht wird, nimmt er eine astförmige Tarnstellung ein. →

Nächste Doppelseite: Dieser Raufußkauz hat einen Kleiber erbeutet.

Nicht nur »huhu«

Kommunikation unter Eulen

Was die Kommunikation mit Artgenossen, Freund und Feind angeht, können Eulen mit einem reichen Repertoire an Verständigungsmöglichkeiten aufwarten – visueller Natur ebenso wie akustischer –, das aus menschlicher Sicht zum Teil höchst ungewöhnlich erscheint.

So besitzt eine ganze Reihe von Arten mehr oder weniger deutliche Federbüschel am Kopf, sogenannte Ohren. Besonders auffällig sind sie beim Uhu und bei der Waldohreule, weniger ausgeprägt bei der Zwergohreule, und ganz fehlen sie den rundköpfigen Käuzen. Manche Käuze, etwa der Sperlingskauz, verfügen aber über starre seitliche Kopffedern, die bei bestimmter Mimik wie »Ohren« aussehen. Die Federbüschel der Ohreulen können steil aufgerichtet, aber auch so flach angelegt werden, dass sie kaum noch in Erscheinung treten (vgl. Fotos S. 52). Der Eulenkenner kann daran allerlei Gemütszustände ablesen, für Artgenossen drücken sie sicher noch viel mehr aus.

Überhaupt sind Eulen unter Einsatz ihres Gefieders die reinsten Verwandlungskünstler. Sie können sich lang und dünn machen wie ein dürrer Ast, und sie können ihre Flügel derart auffächern, dass sie dreimal so groß und wirklich angsteinflößend aussehen. Auch ihre Gesichtsmimik ist erstaunlich. Durch ihre nach vorn gerichteten Augen und den diese umgebenden Federkranz – »Schleier« genannt – entsteht tatsächlich ein an Säugetiere und Menschen erinnerndes »Gesicht«, das man bei den zumeist pfeil- bis speerförmigen Köpfen anderer Vögel im Allgemeinen vergeblich sucht. (Allenfalls gewisse in Australien lebende Schwalme, Verwandte unseres Ziegenmelkers, haben eine an Eulen erinnernde Physiognomie. Bezeichnenderweise gehen sie ebenfalls nächtlich auf die Jagd, fangen aber vor allem Fluginsekten und besitzen entsprechend nur schwache Füße.) Die Ausdrucksmöglichkeiten der Eulenschleier übertreffen noch die der »Ohren« – und gewiss könnten wir noch viel mehr über das Gemütsleben der Eulen erfahren, wenn wir nur ihre Gestik und Mimik etwas besser verstünden.

Bei so viel Ausdrucksmöglichkeiten muten die ausgesprochen starr wirkenden Augen der Eulen für unsereinen befremdlich an. Das liegt teilweise wohl auch an den im Menschengeschlecht unüblichen Irisfarben. Die meisten Eulen haben auffällig gelbe oder orangefarbene Augen. Schaut man sich deren Anatomie näher an, entdeckt man einen Ring aus Knochenplättchen um jeden Augapfel. So etwas fördert naturlich nicht gerade die Beweglichkeit.

←

Perfekte Tarnung: Zwergohreule schaut aus der Bruthöhle.

Vorhergehende Doppelseite: Die Waldohreule jagt bereits in der Dämmerung in ihrem Revier nach Mäusen.

Je nach »Gemütslage« können Zwergohreulen recht unterschiedliche Gestalt annehmen: Links in Ruhe- und Tarnstellung, rechts wach und voll konzentriert.

Immerhin besitzen Eulen aber nicht nur zwei bewegliche Augenlider (während unsereins nur das obere auf- und zuklappen kann), sondern außerdem noch die bei Vögeln (und vielen anderen Tieren) übliche Nickhaut, die man auch als drittes Augenlid bezeichnet. Die Nickhaut ist als Schutz der Optik sehr nützlich und wird vermutlich ebenfalls als Ausdrucksmittel eingesetzt. Bei Menschen und anderen Primaten ist diese Einrichtung nur noch rudimentär vorhanden, als kleines Häutchen im inneren Augenwinkel.

Nun haben ja Vogelaugen – ob mit oder ohne Knochenring – ganz allgemein etwas Starres. Das ist wohl ein Erbstück von den Reptilienvorfahren. »Seelenvolle« Blicke begegnen uns erst bei höher entwickelten Säugetieren. (Was allerdings auch an mangelndem Interpretationsvermögen unsererseits liegen kann.) Bei Eulen vermissen wir sie wohl nur deshalb, weil sie eben ein uns ähnliches Gesicht haben – bei dem wir übrigens notorisch den Schnabel für eine Art Nase halten.

Von der Optik zur Akustik: Was machen Menschen, die sich im Dunkeln suchen? Sie rufen »hallo« oder »huhu«. Ich möchte daraus freilich nicht unbedingt eine direkte Ahnenfolge zwischen Eulen und Menschen ableiten, sondern nur auf die Tatsache aufmerksam machen, dass akustische Signale für nächtliche Lebensweisen zweifellos geeigneter und wichtiger sind als visuelle. Für Vögel, denen die Duftmarkenverständigung vieler Säugetiere fremd ist, gilt das ganz besonders.

Auch Eulen machen »huhu« – nach landläufiger Ansicht sogar ausschließlich. (Was nicht zuletzt daher kommt, dass schaurige Nachtszenen in europäischen Filmen stets mit dem »huhu« des Waldkauzes und in amerikanischen Krimis mit den ähnlich gruseligen Rufen des Virginia-Uhus unterlegt werden.)

Raufußkauz fixiert mit Augen und Ohren seine Beute.

Sperbereule im eisigen Morgenlicht.

In Wirklichkeit ist das Lautrepertoire von Eulen bemerkenswert vielfältig, wenn auch tiefe, weit tragende Töne im Vokabular vorherrschen. Natürlich darf man ihre »Gesänge« nicht mit denen der Singvögel vergleichen.

Europäische Kleineulen lassen Laute hören, die an die weichen, vollen Töne von Okariaflöten erinnern: vorwurfsvoll abgleitend beim Steinkauz und wie sanftes Glockenläuten, wenn Zwergohreulen im Duett oder Chor singen. Auch die Gesänge des Raufußkauzes – lange Reihen tiefer Flötentöne – klingen unseren Ohren angenehm und gar nicht schaurig. Trotzdem kann man in stillen Bergwäldern die Stimme dieser kleinen Eule bis 3 km weit hören. Der noch kleinere Sperlingskauz markiert sein Revier mit gemächlichen Reihen gimpelartiger, weicher Pfeiftöne, die man auch tagsüber vernehmen und mit tiefen Pfiffen gut imitieren kann.

Waldohreulen auf ihrem winterlichen Schlafbaum.

Folgende Doppelseite: Schnee-Eulen-Portrait.

Neben solch wohlklingenden Gesangsdarbietungen verfügen Eulen auch über schärfere Laute, wie das bekannte »kju-witt« des Waldkauzes, was sich verdächtig nach »komm mit« anhört und so nach landläufiger Meinung den molligen Vogel zum unerwünschten Todesboten macht. (Wofür er, wie so mancher Überbringer schlechter Nachrichten, oft selbst mit dem Tode bestraft wird.)

Auch allerlei Warn- und Schreckensrufe, quietschend, kreischend oder kläffend, zischend oder fauchend, hat das Eulenvokabular zu bieten. Beim Füttern kann man merkwürdig stotternde Töne vernehmen, die sich wie Gackern, Tuckern, Trillern oder Glucken anhören. Derlei Lautäußerungen werden ganz häufig durch ausdrucksstarke Gesten unterstützt.

Schließlich können alle Eulen recht unmissverständlich mit dem Schnabel knappen, was in Verbindung mit entsprechender Körpergestik und Gesichtsmimik wirklich furchteinflößend wirken kann. Als weiterer »Instrumentallaut« wird bei einigen Eulenarten bei der Balz ein Flügelklatschen eingesetzt, wie wir es von Tauben kennen.

ERFAHRUNGSBERICHT

Ein Waldkauz wird gerettet

Eigentlich ging der Winter schon seinem Ende zu. Immerhin, es war ein schneereicher Winter gewesen, wie wir ihn im Alpenvorland trotz Klimawandels immer noch dann und wann haben.

In den ersten Märztagen rief mich ein Freund an – Biologielehrer am nahen Landschulheim. Kinder seiner Klasse hätten auf dem Schulgelände eine Eule gefunden. Apathisch habe sie im Schnee gesessen und kaum noch reagiert, als er sich ihr vorsichtig mit einem Stoffbeutel genähert habe. Nun wisse er nicht weiter. Was tun mit der halbtoten Eule im Beutel? Ich erklärte mich spontan bereit, den Fall zu übernehmen.

Mit den beiden Mädchen, die den Vogel gefunden hatten, klingelte der Retter bald darauf an meiner Haustür. Ich war gespannt darauf, was für eine Eule da zum Vorschein komme. Da es keine kleine Eule war, wie er mir schon am Telefon gesagt hatte, also weder Raufußkauz noch Sperlingskauz, die beide in unseren Wäldern vorkommen, konnte es nur eine Waldohreule oder ein Waldkauz sein. Den großen Uhu hatte er selbst schon ausgeschlossen.

Was da nahezu bewegungslos im Beutel lag, stellte sich schnell als Waldkauz heraus. Unsere häufigste Eule, und eine eigentlich recht robuste dazu. Schneereiche Winter überstehen diese vielseitigen Nachtjäger, indem sie sich auf Waldmäuse und schlafende Kleinvögel konzentrieren, wenn die Feldmäuse unter einer dicken Schneedecke unerreichbar sind. Unser Findling hatte wohl längere Zeit kein Jagdglück gehabt. Beim

Fototermin und Streicheleinheiten lässt der aufgepäppelte Waldkauz verdutzt über sich ergehen, bevor er in seinen Wald zurückfliegt.

Ein Waldkauz ruht am Tageseinstand mit typisch zugekniffenen Augen.

Abtasten seiner Brust spürte ich den scharfen Kamm seines Brustbeins. Ein eindeutiges Zeichen von recht starker Unterernährung.

Ich quartierte den Patienten in meinem kleinen Gartenhäuschen ein. Da hatte er zwischen Spaten und Rechen und alten Brettern auf einer schnell befestigten Sitzstange einen ruhigen Platz. Glücklicherweise hatte ich im Tiefkühlfach noch einen Beutel mit gefrorenen Eintagsküken – ideales Futter für Greifvögel und Eulen. Der Vogel schien mir allerdings so geschwächt, dass ich mich zunächst für eine andere Diät entschied: Eine Bekannte hatte stets einen Vorrat eines Nährbreis, der sich mit einer stumpfen Spritze leicht einflößen lässt.

Die nächsten Tage hatte ich alle paar Stunden Pflegedienst. Bereits nach einer Woche konnte ich zu kräftigerer Nahrung übergehen. Und nach einer weiteren Woche entschieden wir uns, den Kauz an seinem Fundort wieder freizulassen. Wieder waren die beiden Mädchen zur Stelle, die sich das gute Ende nicht entgehen lassen wollten. Anfangs machte der Vogel aber keinerlei Anstalten, rasch in seinem Wald zu verschwinden. Mit halb geschlossenen Augen blieb er auf dem hohen Baumstumpf sitzen, den wir als Startplatz für ihn ausersehen hatten. Wollte er nur noch ein paar Mal von zarten Mädchenhänden gestreichelt werden? Oder verstörte ihn das grelle Tageslicht? Unversehens breitete er dann aber doch noch seine Flügel aus und entschwand geräuschlos im nahen Wald.

Michael Lohmann

Folgende Doppelseite: Dieser Uhu befindet sich in Balzstimmung.

ERFAHRUNGSBERICHT

Partnervermittlung bei Steinkäuzen

Wie in vielen Gegenden Deutschlands besiedelten noch vor zwanzig bis dreißig Jahren Steinkäuze in gar nicht geringer Zahl alte Apfelbäume in meiner ostthüringischen Heimat. Wir Buben pflegten unser Ohr an jeden »verdächtigen« Höhleneingang zu legen. War die Höhle belegt, konnte man früher oder später keckernde, schnarchende oder kreischende Laute vernehmen – Warn- und Angstrufe des brütenden Weibchens oder der Jungvögel. Einmal waren wir ganz sicher, die merkwürdigsten Geräusche aus einer Höhle zu erlauschen – bis wir feststellten, dass sie einen zweiten Ausgang auf der anderen Seite hatte, durch den die »Kauzgeräusche« von außen an unser Ohr drangen.

Heute gibt es hier keine Wildvorkommen dieser Eule mehr. Ob Versuche zur Wiederansiedlung fruchten werden, ist ungewiss. Auch wenn da und dort wieder Hochstammobst gepflanzt wird, dauert es doch viele Jahre, bis die Bäume in einem Alter sind, in dem sie Faulstellen bekommen, die sich langsam zu Bruthöhlen entwickeln. Niströhren werden vom Steinkauz zwar angenommen, es fehlt aber in der Regel an herumstreifenden, wohnungssuchenden Jungvögeln. Altvögel, wo es sie noch gibt, sind ja sehr ortstreu und kommen als Neusiedler also kaum in Frage.

In den 1990er-Jahren hatten wir an einem alten Brutplatz ein einsames Steinkauzmännchen, das nun schon im dritten Jahr vergeblich seine Gesänge in die Nacht erschallen ließ, ohne Antwort zu bekommen. Wir wollten ihm unbedingt ein Weibchen beschaffen. Schließlich konnten wir eines auftreiben, das nach einer Verletzung in der Nähe aufgepäppelt worden war.

Im Frühjahr 1999 war es dann so weit: Das Männchen hatte in einer lauen Aprilnacht wieder gesungen. Gegen Mittag brachten wir unser Weibchen zu einer der alten Bruthöhlen und steckten es behutsam in das finstere Loch. Wie vermutet, blieb es dort hocken, auch nachdem wir

Gegenseitige Gefiederpflege geht bei Steinkäuzen oft der Paarung voraus.

Folgende Doppelseiten: Waldkauz jagt durch den Winterwald.

Zwergeule am Tageseinstand.

uns längst entfernt hatten. Eulen lieben nun einmal das Tageslicht nicht besonders.

Natürlich waren wir gespannt auf den Abend. Rechtzeitig brachten wir uns in Position. Nach einer Weile tauchte das rufende Männchen auf – und siehe da, alsbald schaute auch das Weibchen aus seinem Loch in die Dämmerung hinaus. Und es dauerte nicht lange, da flatterte es auf einen nahe gelegenen Ast, wo es umgehend vom Männchen besucht und inspiziert wurde. Noch am gleichen Abend war dann sogar schon eine Paarung zu beobachten. Jetzt konnten wir zufrieden nach Hause gehen, denn das Männchen würde nun auch für das leibliche Wohl seiner Partnerin sorgen, die durch die Gefangenschaft vielleicht ein bisschen ungeübt in der Jagd geworden war.

Leider verlief die Angelegenheit im Weiteren nicht mehr gut. Nach knapp zwei Wochen – das Weibchen hatte schon zu legen begonnen – erwies sich die Bruthöhle bei einer Kontrolle als verlassen. Das Weibchen war und blieb verschwunden, wahrscheinlich Opfer eines Marders oder einer Katze. Kurze Zeit später konnten wir auch das Männchen nicht mehr hören. Immerhin hatte das Experiment gezeigt, dass eine Wiederansiedlung von Steinkäuzen prinzipiell möglich ist.

Torsten Pröhl

Von Hochzeitsgaben und Ästlingen

Familienleben nach Eulenart

Wie so oft, um nicht zu sagen wie immer, kommt vor der »Liebe« das Liebeswerben. Genauer gesagt: Wer eine Familien gründen möchte, muss zunächst einen Partner anlocken und bezirzen. Im Fall der Eulen bedarf es dazu, wie bei vielen Jägern, auch der Überwindung innerartlicher Aggression. Die Feststellung, »die Eule ist der Eulen Feind« gilt nämlich im doppelten Sinn. Nicht nur stehen kleinere Eulen auf dem Speisenplan größerer Eulen, sondern die meisten Eulen sind auch Vertretern der eigenen Art nicht wohlgesinnt. Das hängt schlicht mit der Begrenztheit des Nahrungsangebots zusammen. Um sich ausreichend selbst versorgen zu können, braucht so ein Jäger der Nacht ein bestimmtes Territorium oder Revier, in dem Konkurrenz unerwünscht ist. Da ist die bewährte Einrichtung, wonach zur Fortpflanzung zwei Vertreter einer Art zusammenkommen und kooperieren müssen, nicht so leicht in die Tat umzusetzen. Erschwerend kommt bei den Eulen hinzu, dass zwar dem Männchen die aktive Rolle des Werbens zufällt, das meist deutlich größere Weibchen in der Partnerschaft aber das Sagen hat.

Die Balz des Männchens hat zwei Funktionen zu erfüllen: Sie soll ein Weibchen anlocken und »gefügig machen« und gleichzeitig Rivalen abschrecken. Hierzu die Stimme einzusetzen erscheint bei Nachttieren besonders sinnvoll. Wobei es weniger auf Kunstfertigkeit ankommt – wie bei vielen Singvögeln – als auf weithin schallende, die Nacht erfüllende Rufe. Sie dienen der »Reviermarkierung« und werden von Rivalen als Kampfansage, von paarungswilligen Partnern hingegen als Einladung verstanden.

Laut und hallend, auch schrill und schneidend klingen die »Gesänge« der meisten Eulenmännchen, die am Anfang jeder Familiengründung stehen. Viele unserer heimischen Eulen beginnen damit schon im Herbst. Selbst Eulen, die wie der Waldkauz, unsere häufigste Eule, streng monogam leben, beginnen jedes Jahr, sobald die Jungen der letzten Brut selbstständig sind, mit lautem »huuuh-hu-hu-hu-hu« und schrillem »kjuwiek« sowie ungewöhnlicher Flugaktivität ihre Revieransprüche zu bekräftigen und ihrer künftigen Partnerin zu vermitteln, dass sie für ein neues Abenteuer bereit sind. In den Wintermonaten lassen derlei Aktivitäten zwar unter dem Druck erschwerter Lebensbedingungen nach, flammen aber schon in den ersten etwas laueren Spätwinternächten wieder auf, wobei nun die schrillen Töne kaum noch zu hören sind. Stattdessen versucht das Männchen jetzt, am ausersehenen Nistplatz mit weichen, kollernden Lauten

Ein am helllichten Tag singendes Steinkauzmännchen mit vor »Hingabe« geschlossenen Augen.

Vorhergehende Doppelseite: Junge Uhus haben sich in Bulgarien vor ihre Bruthöhle gewagt.

Spanische Steinkäuze bei der Paarung.

seine inzwischen eingetroffene oder bereits vorhandene Partnerin auf eine neuerliche Brutzeit einzustimmen. Wenn die in entsprechender Laune ist, antwortet sie mit ähnlichen Tönen in etwas höherer Lage. Als Belohnung bietet das Männchen dann nicht selten eine noch warme Maus an, was dem Weibchen allerlei weiche und bettelnde Laute entlockt.

Diese bei Eulen verbreitete Methode der Fütterung des Weibchens durch das Männchen dient zwei sehr verschiedenen Zwecken: Zum einen baut sie die latente Aggressivität des Weibchens ab. Die kann für das kleinere Männchen, zumal bei schlechter Nahrungslage, durchaus gefährlich, ja lebensgefährlich werden. Zum andern signalisiert sie dem Weibchen durch die Häufigkeit des Fütterns und durch die Qualität der Beute die allgemeine Versorgungslage. Die wiederum hängt einerseits davon ab, wie reich das Revier an Beutetieren, andererseits aber auch davon, wie tüchtig das Männchen als Jäger ist. An beidem bemessen sich die Zahl der zu legenden Eier und das Wohlergehen nicht nur des Nachwuchses, sondern auch des Weibchens. Denn für die Ernährung der Familie ist bei den Eulen nahezu ausschließlich der Mann zuständig.

Wie wichtig die Hochzeitsgabe als Besänftigung ist, kann man bei Schleiereulen studieren. Bei denen kommt es nicht selten zu heftigen Kämpfen zwischen den Geschlechtern, bevor man sich schließlich – auch unter Einsatz von Liebesgaben – zusammenrauft. Oft schlägt die Stimmung beim Weibchen abrupt um. Dann wird angesichts der verlockenden »Liebesgabe« aus der fauchenden Walküre

Raufußkauz-Paar bei der Beuteübergabe.

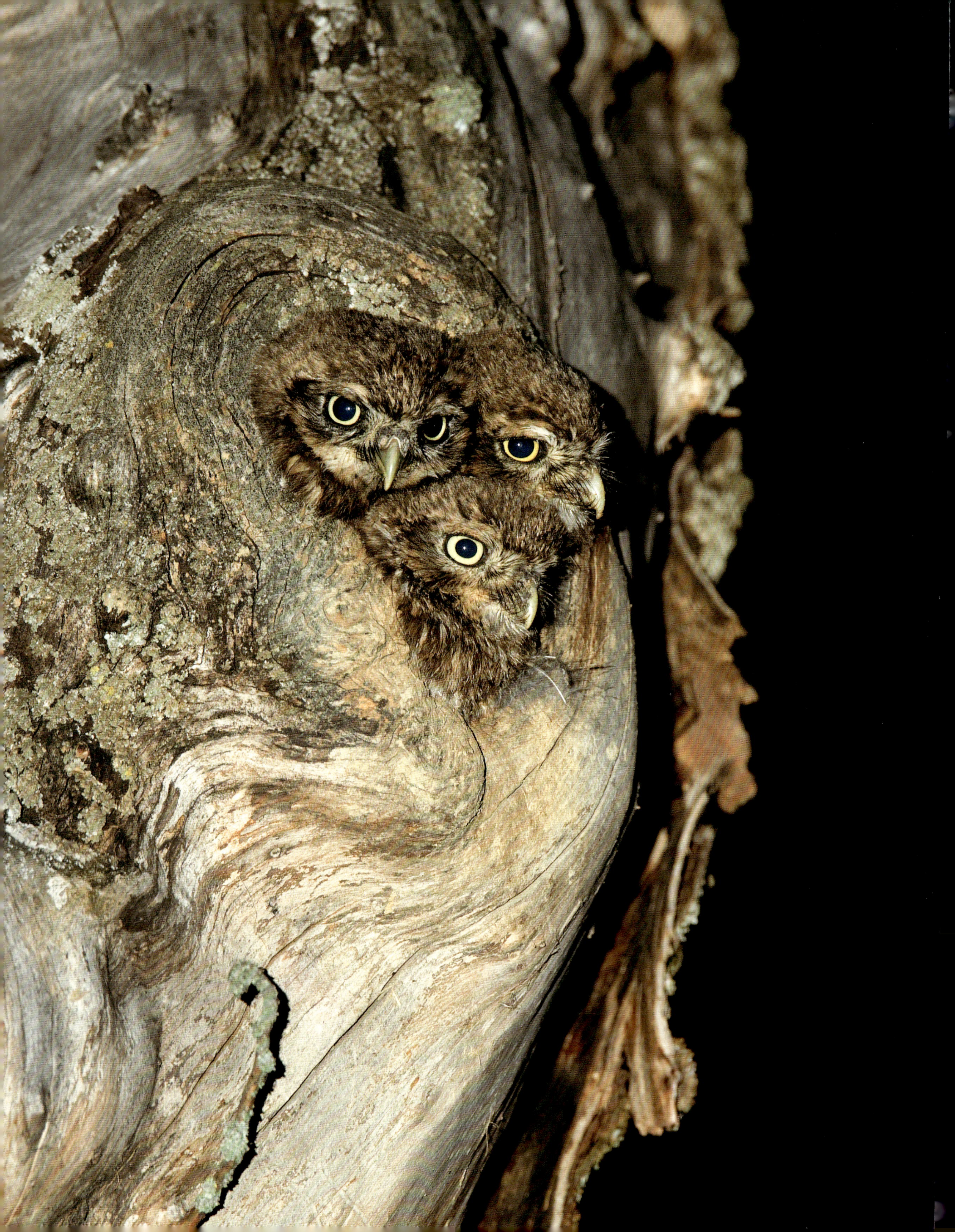

Ohne jedes Nistmaterial legt der Uhu seine beiden Eier in die Mulde einer Felsnische.

eine kindlich bettelnde Partnerin, die dann sogar zu allerlei Zärtlichkeiten aufgelegt ist.

Zur Paarung muss es deswegen aber noch längst nicht gleich kommen. Um die widerborstige Partnerin in Stimmung zu bringen, setzen die Männchen sämtlicher Eulen daher auf den »Häusletrick«: Es gilt, einen vom Männchen auserkorenen Nistplatz der künftigen Mutter vorzuführen und schmackhaft zu machen. Vom Flugloch der vorgesehenen Bruthöhle aus lässt das Männchen seinen »Gesang« erschallen. Oder es lockt gezielt mit Fütterungslauten und speziellen Nestzeigerufen. So etwa bei Sperlings-, Raufuß- und Habichtskauz. Eulen, die in offenen Felsnischen, in Nestern oder auf dem Boden brüten, scharren vor dem Weibchen demonstrativ eine Nestmulde. Erst wenn das Weibchen durch Inspizieren der Nisthöhle oder eigene Nestbauhandlungen seine Zustimmung signalisiert hat, ist die Angelegenheit in trockenen Tüchern. Ein typischer Fall von Damenwahl also.

Kurz vor dem Ausfliegen wird es eng in der Steinkauzhöhle.

Die Paarungen, die sich über die gesamte Zeit der Eiablage hinziehen können, finden in der Regel auf einem freistehenden Ast oder Stein statt. Nur Schleiereulen bevorzugen für diesen Zweck größere Intimität; sie paaren sich in der auserwählten Bruthöhle. Die letzte Verabredung besteht in einem leisen Wechselgesang, der im Höhepunkt der kurzen Erregung in ein schrilles Zwitschern und Fiepen übergeht. Das Verhalten »danach« könnte, je nach Art, unterschiedlicher nicht sein. Während der Sperlingskauz sein Heil in hektischer Flucht sucht, kraulen sich Steinkäuze anschließend zärtlich. Die meisten Eulen erweisen sich indes als Pragmatiker, indem sie durch Schütteln und Putzen ihre Gefieder wieder in Ordnung bringen.

Alle Eulen legen reinweiße und fast kugelrunde Eier. Da die meisten Arten Höhlenbrüter sind, erstaunt das Fehlen tarnender Schalenmuster nicht. Auch Spechte und andere höhlenbrütende Vögel kommen mit farblosen Eier aus. Dass Eulenarten, die nicht in Höhlen, sondern in Nestern oder am Boden brüten, etwa Schnee-Eule, Wald- und Sumpfohreule, ebenfalls weiße Eier legen, weist auf die enge Verwandtschaft und die gemeinsame Abstammung von Höhlenbrütern hin.

Die Zahl der Eier je Gelege schwankt ebenso wie die Zahl der je Brutsaison aufgezogenen Jungen in weiten Grenzen – sogar innerhalb einer Art. Sie hängt nämlich, wie schon angedeutet, stark vom Nahrungsangebot ab. Als generelle Regel könnte man sagen: Die kleinsten und die größten Eulen legen unter Normalbedingungen drei bis fünf Eier, die mittelgroßen Eulen vier bis acht. Für Mäusejäger gibt es allerdings nur selten Normalbedingungen. In guten Jahren sind bei fast allen (europäischen) Eulenarten Gelege von acht bis dreizehn Eiern keine Seltenheit.

Da die Eier im Durchschnitt alle zwei Tage abgelegt werden, ergibt sich bei größeren Gelegen ein Problem, wenn mit dem Brüten nicht erst nach Vollendung des Geleges, sondern von Anfang an begonnen wird. Wer weiße Eier hat und nicht in Höhlen brütet, tut gut daran, sein Gelege nicht unbedeckt den Blicken von Eiräubern auszusetzen. Darum brüten nicht nur Bodenbrüter wie Schnee-Eule, Sumpfohreule und Uhu, sondern auch Horstbrüter wie Waldohreule und Bartkauz vom ersten Ei an. Merkwürdigerweise tun dies auch große Höhlenbrüter, wie Wald- und Habichtskauz, Sperber und Schleiereule. Das Problem all dieser Arten besteht dann darin, dass der Altersunterschied zwischen Erstgeborenem und Nesthäkchen zwei bis drei Wochen ausmachen kann. Die Chancen der Jüngsten, genügend von dem meist heißumkämpften Futter abzukriegen, ist in diesem Fall äußerst gering und wird noch durch die Tatsache verschlechtert, dass die Mutter nach einer bestimmten Zeit die Beute nicht mehr in kinderschnabelgerechte Stücke zerlegt, weil die größeren Jungen bereits Mäuse am Stück verdrücken können.

Der biologische Nutzen solch verfehlter Familienplanung hört sich grausam an: Die Spätgeborenen dienen gewissermaßen nur als Puffer. Entwickelt sich das Beuteangebot günstig, haben auch Spätlinge Chancen durchzukommen. Wird die Nahrung knapp oder fällt gar der Ernährer aus, können sie den Erstgeborenen notfalls noch als »Reservenahrung« dienen.

Für die Betreuung des Nachwuchses ist bei Eulen fast ausschließlich die Mutter zuständig. Sie besorgt nicht nur bis zu 30 Tage lang das Brüten, sondern hält auch ihren zunächst äußerst spärlich befiederten Nachwuchs rund um die Uhr warm. Der Vater schafft die nötige Nahrung herbei, deren Zerlegung wiederum ebenfalls reine Frauensache ist. Auch bei der Verteidigung des Nachwuchses übernimmt in der Regel das Weibchen die mutigsten Attacken. Gerade bei unserer kleinsten Art, dem Sperlingskauz, kann man die erstaunlichsten Angriffe auf Neststörer beobachten – und gegebenenfalls am eigenen Leib zu spüren bekommen. Viele Eulen beschränken sich allerdings auf ein furchterregendes Zischen, Rauschen und Schnabelknappen, verbunden oft mit einer Drohhaltung, die ihre Wirkung auch auf unsereinen nicht verfehlt. Darin sind auch die meisten Jungen schon wahre Meister. Längst bevor junge Eulen fliegen können, verlassen sie die meist engen Höhlen und

Junguhus im wolligen Dunenkleid.

Folgende Doppelseite: Mit gespreizten Flügeln und gesträubtem Gefieder kann eine Schleiereule in Drohhaltung selbst Menschen abschrecken.

Fütterndes Schleiereulenweibchen; die Jungen sind zwischen ein und 16 Tagen alt.

Brütendes Habichtskauz-Weibchen.

Folgende Doppelseite: Steinkauz füttert seine drei Jungen mit Nachtschmetterling.

begeben sich auf eine mehr oder weniger ausgedehnte Wanderschaft. Sie tragen zu dieser Zeit meist noch ein halbduniges, wollig wirkendes Gefieder und sehen aus wie wandelnde Staubwedel. Man nennt Jungeulen in diesem Stadium Ästlinge. Nun passiert es aber nicht selten, dass die Kletterei im Geäst mit einem Absturz endet. Mit Hilfe ihrer scharfen, gebogenen Krallen und unter Unterstützung von Flügelflattern und papageienähnlicher Schnabelakrobatik gelingt zwar oft die Rückkehr ins sichere Geäst. Doch manchmal nicht früh genug. Dann ist der Fuchs schneller. Um dies zu verhindern, sollten Spaziergänger, die auf einen gelandeten Ästling stoßen, diesen behutsam, aber energisch von hinten umgreifen und auf den nächsten Ast setzen. Vor Krallen und Schnabel muss man sich dabei allerdings in Acht nehmen.

Ästlinge werden oft noch Wochen von den Eltern mit Nahrung versorgt. Selbst wenn die Jungen fliegen können (bei großen Eulen erst im Alter von neun bis zehn Wochen), brauchen sie noch einige Zeit elterliche Unterstützung, denn die nächtliche Jagd will gelernt sein. Steht eine zweite Brut an (wie bei Schleiereulen nicht selten), obliegt dem Vater die letzte Zeit der Jungenaufzucht allein. Vor den vielerlei Gefahren, die jungen Eulen gerade auch in der vom Menschen dominierten Landschaft drohen, kann freilich auch der beste Jäger und Vater seine Jungen nicht immer bewahren.

Bartkauzweibchen übergibt eine frisch geschlagene Maus an sein Junges.

ERFAHRUNGSBERICHT

Das muss Liebe sein

Vor einigen Jahren brachte man einen recht kläglich aussehenden Waldkauz in unsere Auffangstation. Offenbar hatte man den Vogel als noch nicht flugfähigen Ästling irgendwo aufgegriffen und dann unter Bedingungen gehalten, die in keiner Weise den Bedürfnissen des Tieres entsprachen. Sein Gefieder war in einem erbärmlichen Zustand, abgestoßen, verschmutzt und an Brust und Bauch ausgefallen. Auch hatte man ihn völlig artwidrig mit menschlichen Speiseresten ernährt und in einem engen Käfig gehalten, sodass die Brustmuskulatur unterentwickelt war und das Brustbein scharf hervortrat. Ein Anblick des Jammers.

In der Folgezeit nahm sich besonders meine Frau unseres neuen Zöglings an. Er bekam nun Eintagsküken und Mäuse zu fressen, mit den nötigen Ballaststoffen, die zwar als Gewölle wieder ausgewürgt werden, für eine gesunde Verdauung aber durchaus Bedeutung haben. Nach ein paar Wochen machte der Vogel schon einen viel vitaleren Eindruck, und nach der Mauser bot er auch wieder den Anblick eines »gepflegten« Kauzes.

Das Interessanteste war aber: Der Vogel hatte meine Frau in sein Herz geschlossen – wenn man so sagen darf. Sobald sie erschien, gab er leise Geräusche von sich, eine Art Kollern, wie es männliche Waldkäuze hören

Noch nicht flugfähige Waldkauz-Ästlinge verirren sich manchmal auch auf den Boden. Man sollte sie wo nötig behutsam - und mit Handschuhen! - ins Geäst setzen.

lassen, die ihre Partnerin auf eine Nisthöhle aufmerksam machen wollen. Auch sonst verhielt er sich ihr gegenüber keineswegs scheu, flog ihr stattdessen oft gleich entgegen.

Diese Anhänglichkeit versetzte uns so in Erstaunen, dass wir allerlei Versuche machten, um herauszufinden, ob die Zuneigung nur dem Futter oder tatsächlich der Person galt. Längst hatten wir festgestellt, dass mein Anblick in keiner Weise die gleichen Reaktionen bei unserem Kauz hervorrief. Im Gegenteil: Egal, ob ich mit toten Mäusen oder Eintagsküken winkte, der Kauz verdrückte sich bei meinem Erscheinen oder wurde sogar aggressiv. Während meine Frau auch ohne jegliches Futter und in den verschiedensten Gewändern stets auf freundlichsten Empfang rechnen durfte.

Der entscheidende Test sollte unser Urlaub sein. Wir wollten zwei Wochen lang gemeinsam verreisen, und meine Schwiegermutter hatte sich bereit erklärt, während dieser Zeit unsere Pfleglinge zu versorgen. Vielleicht bevorzugte der Vogel ganz allgemein Frauen – zumindest nach einer Gewöhnungszeit?

Um es kurz zu machen: Wir kamen von der Reise zurück, und als hätte er nur darauf gewartet, flog der Kauz sofort meiner Frau entgegen, setzte sich auf ihre Schulter – und machte entschieden den Eindruck eines glücklichen Wiedersehens. Meine Schwiegermutter hatte all die Zeit nicht mehr Glück als ich selbst gehabt. Alles Mäusewinken auch aus weiblicher Hand: Es blieb vergebens.

Torsten Pröhl

129

Junge Habichtskäuze fühlen sich in ihrer soliden Wohnung offenbar sehr zuhause.

Mehr als Ruinen und Mäuse

Lebensräume und Beutetiere

Wenn man versucht, sich Eulen in ihrer typischen Umgebung vorzustellen, tauchen bei den meisten Menschen sogleich bestimmte Bilder auf: ein Steinkauz, der einen mit großen Augen aus Ruinenresten anschaut, ein Waldkauz, der mit halb geschlossenen Augen und perfekter Tarnfarbe am Eingang einer Baumhöhle döst, ein Uhu am Rand seiner Felsnische in schwindelnder Höhe. Das alles kennt man aus Abbildungen oder Fernsehfilmen, seltener aus eigener Anschauung im Lebensraum der Vögel selbst.

Zwar bilden geeignete Nistplätze einen sehr bedeutsamen Faktor für die Revierwahl, hinzu kommen aber viele andere, die mehr oder weniger entscheidend dafür sind, ob sich eine Eule in einem Gebiet wohl- und »zu Hause« fühlen kann. Und wie wir das aus unserem eigenen Leben kennen, geht es niemals ohne Kompromisse: In der Stadt zu wohnen bringt andere Vor- und Nachteile als eine Wohnung in dörflich-ländlicher Umgebung.

Raufußkauz schaut (erstaunt?) aus seiner Bruthöhle.

Vorhergehende Doppelseite: Schnee-Eule kurz vor der Landung.

Um bei den Eulen zu bleiben: Ein guter Nistplatz nützt wenig, wenn nicht auch das Nahrungsangebot ausreichend ist. Und ausreichend heißt immer auch: Nicht nur für den eigenen Unterhalt, sondern auch für den brütenden Partner und den heranwachsenden Nachwuchs muss die Jagdbeute reichen. Dafür haben Eulen – und nicht nur sie – ein ganz erstaunliches »Gespür«. Wobei es sich aber gewiss nicht um übersinnliche Fähigkeiten handelt, sondern »nur« um genetisch gespeicherte Erfahrungen.

Bei der Auswahl eines geeigneten Reviers muss das Männchen (bei anderen Tieren kann es auch das Weibchen sein) Faktoren berücksichtigen – in die Bilanz seiner Standortanalyse einbeziehen, könnte man auch sagen –, die es aus eigener Erfahrung gar nicht wissen kann. Etwa: Wie groß muss das zu verteidigende Revier sein, um zwei Erwachsene und eine noch ungewisse Zahl von Kindern unter den Bedingungen einer noch ungewissen Zukunft zu ernähren? Natürlich könnte man vermuten: Wenn es dem Reviergründer leichtfällt, sich selbst zu ernähren, wird er das Thema Reviergröße und -verteidigung vielleicht sorgloser betrachten, als wenn er schon als Single weit herumfliegen muss, um seinen Hunger zu stillen. Das Dumme ist nur, dass die »Entscheidung« hinsichtlich der territorialen Grenzen zu einer Zeit – nämlich im Winterhalbjahr – getroffen werden muss, in der die Versorgungslage eine völlig andere ist als zwei, drei Monate später, wenn es fünf, sechs oder noch mehr Schnäbel zu stopfen gilt, wenn voraussichtlich aber auch mehr Beute herumlaufen wird.

Bei so schwierigen Entscheidungen helfen die Gene allein freilich auch nicht. Zu vielfältig sind die einzelnen Verhältnisse. Die in der DNA gespeicherte Information kann immer

Habichtskauz auf Beutefang im Bayerischen Wald.

nur ein grober Mittelwert sein. Ein Mittelwert aus den Erfahrungen unzähliger Generationen unter oft recht unterschiedlichen und sich auch immer wieder verändernden Bedingungen. Man bedenke etwa, dass die in Mitteleuropa ziemlich isoliert von ihren nordeuropäischen Verwandten brütenden Raufuß- und Sperlingskäuze (unsere kleinsten Eulen) als Reste einer nacheiszeitlichen gemeinsamen Population aufgefasst werden. Und was hat sich in Europa in den letzten 10.000 Jahren nicht alles verändert!

Nein, über die Jahrtausende können nur sehr allgemeine Erfahrungen, gewissermaßen Rahmenrichtlinien, vererbt werden. Etwa die Aufforderung, im Spätwinter mit Balz und Eiablage zu beginnen, statt schon im Herbst oder erst im Mai. Ohne flexible Anpassung an die je besonderen Verhältnisse geht erfahrungsgemäß nichts im Leben. Und da geben gerade die Eulen ein gutes Beispiel. So wird etwa bei nahezu allen Arten die Zahl der gelegten Eier und damit der aufzuziehenden Jungen erstaunlich gut an das jeweilige Beuteangebot angepasst. Wie das im Einzelnen geschieht, weiß man nur teilweise.

Hinzu kommt eine andere Anpassungsstrategie – die sich allerdings ziemlich grausam anhört. Viele Eulenarten folgen einem merkwürdigen genetischen Programm. Statt mit dem Brüten erst dann zu beginnen, wenn das Gelege vollständig ist (wie es sehr viele andere Vogelarten tun), sitzt das Eulenweibchen schon vom ersten Ei an fest auf ihrem Nachwuchs, der sich alle ein bis zwei Tage um

Die Sumpfohreule ist an ihrem Tagesruheplatz perfekt getarnt.

ein weiteres Ei vermehrt. Das hat zur Folge, dass am Ende auch die Jungen nicht gleichzeitig, sondern nacheinander schlüpfen. In extremen Fällen (z.B. bei großen Gelegen der Schleiereule) ist das Nesthäkchen damit dann zwei Wochen jünger als das Erstgeborene.

Zwei Wochen Altersunterschied macht bei so schnell wachsenden Kindern eine Menge aus. Die Katastrophe ist schon dadurch fast vorprogrammiert, dass Eulenmütter ab einem bestimmten Alter ihres Nachwuchses die vom Männchen herbeigeschleppten Mäuse nicht mehr in babygerechte Häppchen zerlegen, sondern mit Haut und Haar übergeben. Und wenn es das nicht ist, was die Lebensaussichten des Jüngsten schwinden lässt, dann das Gesetz des Stärkeren. Nur wenn Nahrung im Übermaß herbeigeschafft wird, bleibt bei der Drängelei vielleicht auch für das Jüngste noch etwas übrig. Nüchtern betrachtet, stellt diese Anpassung also ein »bewusstes« Spiel mit dem Leben des Nesthäkchens dar – sogar mit der Option: Wenn die Versorgungslage ganz miserabel wird, kann das Jüngste den Älteren immer noch als eiserne Ration dienen. Was wir als Kannibalismus bezeichnen, hat sich bei Eulen (und einigen Greifvögeln) offenbar als biologisch nützlich erwiesen.

Das Nahrungspotenzial eines Gebietes ist also ein ganz entscheidender Faktor bei der Auswahl eines Reviers. Während die Größe des gegen Nahrungskonkurrenten zu verteidigenden Territoriums in erster Linie genetisch veranlagt sein dürfte, etwa durch die Art der Reviermarkierung und das Ausmaß an innerartlicher Aggression, spielen aber sicher auch individuelle Faktoren mit, denn kein Vogel gleicht dem anderen, und erst recht gleicht keine Umgebung der anderen.

Steinkauz mit Smaragdeidechse an der Bruthöhle in Bulgarien.

Bei der Bewertung eines Brutreviers spielen aber nicht nur die Verfügbarkeit von Nistplätzen und die Zahl der Mäuse eine Rolle. Es muss auch geeignete Tagesverstecke bieten und dazu möglichst Stellen, an denen man sich auch mal sonnen oder ein Staub- oder Wasserbad nehmen kann. Wichtig ist obendrein der Feinddruck. Als kleinere Eule im Jagdgebiet einer größeren Eule zu leben kann nämlich durchaus riskant sein. Auch Baummarder können als Feinde von Jungeulen in Höhlen den Wert eines Brutreviers mindern.

Vor solchen und ähnlichen Problemen steht jedes Eulenmännchen, dem die Aufgabe zukommt, ein geeignetes Revier auszuwählen. Und auch wenn es anfangs nicht so aussieht: Die Weibchen haben dabei durchaus ein Wort mitzureden. Immerhin inspizieren die von den männlichen Gesängen angelockten Anwärterinnen sehr genau nicht nur die angepriesenen Bruthöhlen oder Nester, sondern sicher auch die Fähigkeit des Männchens, Beute herbeizuschaffen, sowie sonstige Vor- und Nachteile der Revierausstattung. Sagt ihnen das Ganze nicht zu, verschwinden sie einfach wieder. Und alleine kommt man bekanntlich in der Fortpflanzung nicht weit.

Kein Wunder daher, dass bewährte Reviere meist über viele Jahre in fester Hand bleiben. Immerhin können Eulen zwanzig Jahre und älter werden. Auch wenn nicht jedes Eulenpaar unsere Vorstellungen von lebenslanger Dauerehe teilt, so bleibt doch zumindest der männliche Revierinhaber gerne am gewohnten Platz, selbst wenn er jedes Jahr aufs Neue seine Werbegesänge wie die Angelschnüre des Fischers in die partnerlose Nacht werfen muss.

Mögen die hier geschilderten Probleme bei allen überlebens- und fortpflanzungswilligen

Eulen die gleichen sein, so sind es die einzelnen Reviere keineswegs. Die enorme Anpassungsfähigkeit des »Bauprinzips« Eule erweist sich schon in den gewaltigen Größenunterschieden. Wie wir bereits feststellten, ist der Uhu immerhin hundert Mal so schwer wie der mexikanische Elfenkauz.

Noch erstaunlicher sind die Unterschiede der Lebensräume, in denen Eulen existieren und sich erfolgreich fortpflanzen können. Allein bei den 13 europäischen Eulen finden wir solche, die auf dem Boden baumloser Tundren brüten (Schnee-Eule), neben anderen, die Baumhöhlen oder Greifvogelnester in Wäldern beziehen (mehrere Arten), in Felswänden und Kiesgruben nisten (Uhu), Kirchtürme oder Scheunen zur Jungenaufzucht bevorzugen (Schleiereule) oder Baumhöhlen in Obstgärten und Nischen in alten Ruinen nutzen (Steinkauz).

Sogar noch vielfältiger präsentieren sich die Lebensräume und Nistplätze tropischer Eulen. Die großen Fischeulen Asiens und Afrikas sind Nahrungsspezialisten und nächtliche Gegenstücke der Fischadler. Sie leben in Wäldern an Flüssen, Seen und Sümpfen. Der größte von ihnen, der Fischuhu, kommt von den Ebenen Indiens bis zur malaysischen Halbinsel vor.

Einige der 31 über weite Teile des Globus verbreiteten Sperlingskauzarten sind auch am Tag aktiv und haben sich mehr auf Insekten und Reptilien spezialisiert. Unter ihnen ist der sperlingsgroße Zwergkauz, der mit dem bereits erwähnten Elfenkauz aus dem Südwesten der USA als kleinste Eule der Welt angesehen wird. Seine Heimat sind die tropischen Wälder Südamerikas. Und die amerikanische Kanincheneule, ein langbeiniger Verwandter unseres Steinkauzes und tagaktiver Bewohner baumloser Steppen, zieht seine Jungen in den Erdbauten von Präriehunden auf.

Diese wenigen Beispiele können nur dazu dienen, die Neugierde zu wecken auf eine ebenso faszinierende wie noch weitgehend geheimnisvolle Vogelgruppe. Weniger als drei Prozent aller Vogelarten (deren Gesamtzahl man auf etwa 10.000 schätzt) sind nachtaktiv. Und mehr als die Hälfte davon sind Eulen. Sie sind das nächtliche Gegenstück zu den am Tag jagenden Greifvögeln – jedoch keineswegs mit ihnen verwandt. Ihr nächtliches Wesen und Treiben hat sie von jeher mit der Aura des Geheimnisvollen umgeben und die Fantasie der Menschen beflügelt.

Sperbereule mit erbeutetem Buntspecht.

Früher waren Steinkäuze regelmäßige Bewohner alter Obstgärten.

Folgende Doppelseite: In diesem Nadelwald in Finnland sind Bart-, Raufuß- und Sperlingskäuze verbreitet.

Schleier(eulen)haftes

Schleiereulen sind weltweit verbreitet – aber die Alpen und das nördliche Alpenvorland meiden sie wie die Pest. Davon kann sich jeder überzeugen, der etwa den österreichischen oder bayerischen Brutvogelatlas zur Hand nimmt. Da gähnt z. B. eine große Lücke zwischen Südbayerns östlichen und westlichen Grenzen, eine große Leere zwischen Alpen und Landeshauptstadt. Das hat natürlich keine politischen Gründe, sondern klimatische. Schleiereulen halten nun einmal nichts von größeren Wanderungen, sondern bleiben auch dann gern an ihrem Brutplatz, wenn die Nahrung knapp wird. Und da sie auch in der Auswahl ihrer Beute ziemlich stur sind, verhungern sie überall dort, wo im Winter eine dicke und dauerhafte Schneedecke ihnen den Zugang zu »ihren« Feldmäusen verwehrt.

Wer wie ich das Privileg hat, im landschaftlich so reizvollen Alpenvorland zu leben, bedauert als Vogelkundler die Abwesenheit der Schleiereulen. Darum haben wir schon vor Jahren das getan, was sich andernorts als sehr erfolgreich erwiesen hat: Wir haben große hölzerne Nistkästen in Feldscheunen angebracht. Wobei die Bezeichnung Nistkasten im Fall der Schleiereule irreführend ist, es müsste eher Wohnstube heißen. Denn Schleiereulen mögen es geräumig, am besten mit Entree und Kinderzimmer.

Bei Kontrollen in den folgenden Jahren stellten wir halb erfreut, halb enttäuscht fest, dass in mehreren unserer Eulenwohnungen Turmfalken ihre Jungen großgezogen hatten. Immerhin ein Nebenerfolg. Noch spannender fanden wir aber das, was wir am Boden in mehreren Scheunen fanden: die typischen, wie schwarz lackiert aussehenden Gewölle der Schleiereule. Deren Menge ließ den Schluss zu, dass unser »Zielobjekt« sich nicht nur zu einem Kurzbesuch hier aufgehalten hatte. Einige Male gelang es auch, einen kurzen Blick auf die geheimnisvollen Besucher zu werfen. Zu einer Brut ist es aber nie gekommen. Entweder fanden die Vögel keinen Partner, oder sie ließen sich von unseren Wintern in die Flucht jagen – sofern sie nicht an ihrer Sesshaftigkeit verhungert sind.

Ganz links: Das in Form und Farbe charakteristische Gewölle einer Schleiereule.

Mitte: 3-4 Wochen alte Schleiereule im Dunenkleid.

Unten: Schleiereule mit Beute im Eulenloch.

Geduld hat sich aber auch hier schließlich bezahlt gemacht. Im Jahr 2009 kam es dann doch noch zu einer erfolgreichen Brut. In der Scheune eines abgelegenen Hofes ließ die naturliebende Eigentümerin einen Schleiereulenkasten sachgerecht anbringen. Vor lauter Rücksichtnahme hätte sie das glückliche Ereignis beinah übersehen. Erst als wir – aus respektvoller Entfernung – die Fütterung eines fast schon flüggen Jungvogels an der Einflugöffnung beobachten konnten, waren wir sicher, dass es tatsächlich geklappt hat. Und vielleicht ist dies ja der Anfang einer (Wieder-?)Besiedlung des Alpenvorlandes durch die Schleiereule.

Michael Lohmann

Uhu in seinem winterlichen Tages-versteck.

ERFAHRUNGSBERICHT

Gefährlicher Vogelschutz

Am südöstlichen Rand der Westkarpaten liegt das alte Städtchen Košice oder Kaschau, stolze Metropole der Ostslowakei. Rundum erheben sich die bewaldeten Ausläufer der Karpaten. Hier lebt Jozef Mihok, ein vitaler Sechziger, dessen Leidenschaft die Habichtskäuze sind. 150 großräumige Nistkästen betreut der Mann in einem Umkreis von 30 Kilometern. Und betreuen heißt hier nicht nur Kästen aufhängen und ab und zu mal vom Boden aus nachschauen. Nein, es heißt hoch in die Bäume klettern mit Steigeisen und Seil. Und das nicht nur einmal je Kasten und Jahr. Denn Jozef Mihok betreibt die Sache wissenschaftlich. Ihn interessiert, wie viele Paare jedes Jahr brüten, wie groß der Bruterfolg und wie groß die Überlebensrate der Jungkäuze ist. Um ein genaues Bild von Zu- und Abwanderung, von Populationsschwankungen und anderen biologischen Parametern zu bekommen, gibt es nur eins: Die Jungen müssen möglichst vollständig beringt werden.

Als ich Jozef Mihok im Jahr 2008 besuchte, um mit ihm Habichtskäuze zu beringen, waren die Verhältnisse mit nur 15 Brutpaaren in seinem Revier ziemlich übersichtlich. Trotzdem war ich voller Bewunderung, wie dieser nicht mehr ganz junge Mann die Bäume erkletterte, an denen seine Nistkästen hingen. Mihok trägt bei der Kastenkontrolle einen Schutzhelm ähnlich dem von Fechtern. Denn Habichtskäuze sind am Nistplatz ausgesprochen aggressiv. Sogar mich griffen sie an, wenn ich am Boden die am Seil herabgelassenen Jungkäuze beringte. Mit ihren scharfen Krallen können sie einem im Sturzflug schwere Kopfwunden zufügen.

Habichtskauz bei Attacke auf Feind am Brutplatz.

Wer Eulen am Brutplatz zu nahe kommt, sollte gut geschützt sein.

Für mich sehr erstaunlich war die Feststellung, dass die Angreifer frühzeitig abdrehten, wenn man ihnen entgegenblickte. Zu »Feindberührungen« kam es nur von oben oder hinten.

Als ich im folgenden Jahr meinen Freund Mihok wieder besuchte, erklärte er mir gleich voller Begeisterung, dass in diesem Jahr mindestens 120 Habichtskauzpaare Nachwuchs hätten. Ein besonders gutes Mäusejahr – und viel Arbeit für uns. Aber er erzählte mir auch eine Geschichte, die ihn so bedrückte, dass er im Jahr zuvor noch nicht darüber sprechen konnte.

Ein Jahr lang hatte Jozef Mihok einen jungen Waldarbeiter gehabt, der ihm mit Begeisterung bei der Kauzarbeit behilflich war. Der musste nun im Zuge seiner Ausbildung in eine andere Gegend ziehen, versprach aber, so bald wie möglich zurückzukommen.

Nach einigen Monaten erreichte Mihok die Nachricht, der junge Mann sei spurlos verschwunden. Kein Mensch wusste, wo er abgeblieben war. Es gab Gerüchte und Vermutungen, aber keine wirklichen Anhaltspunkte. Etwa ein Jahr später machte ein Waldarbeiter in jener Gegend dann einen grausigen Fund: Im Geäst eines Baumes entdeckte er die mumifizierte Leiche des Vermissten. Offenbar hatte sich der junge Mann beim Training für die spätere Kauzkontrolle so in Seil und Geäst verhedderte, dass er sich nicht mehr befreien konnte.

Torsten Pröhl

ERFAHRUNGSBERICHT

Ein Tag im Spätherbst

Es war Allerheiligen geworden. Der warme Sommer war farbig leuchtenden Blättern und in Nebelschwaden verschwimmenden Wiesen und Feldern gewichen. Vogelschwärme versammelten sich auf der Weite des Sees, um gemeinsam der von überall hereinschleichenden Kälte zu trotzen. In diesen Tagen zog mich der Wald magisch an. Die letzten Schreie der Hirsche begleiteten mich auf meiner Suche nach der geheimnisvollen, lautlosen Jägerin der Nacht. Um mich herum das rätschende Warnen der Häher. Von fern her dringt das Muhen einer Kuh. Wahrscheinlich hat sie Sehnsucht nach dem warmen Stall und dem duftenden Heu. Die Sonne spitzt gerade hinter einer Wolke hervor, da tut sich vor mir eine Lichtung auf. Ein mit Moos bewachsener Stadel steht einsam am Rande der Lichtung und trotzt als Zeugnis bäuerlicher Arbeit Wind und Wetter. Mächtige, golden beblätterte Buchen umschließen den friedlichen Ort.

Über die Lichtung schleiche ich zur Feldscheune hin. Vielleicht entdecke im dunklen Gebälk des Stadels eine von finsterer Nacht und Mäusefang träumende Eule. Es dauert einige Zeit, bis sich meine Augen an die Dunkelheit in dem Gebäude anpassen. Während ich den modrigen Geruch des Holzes einatme, lassen sich langsam die Konturen eines alten Traktors und eines verrosteten Pfluges erkennen. Durch winzige Spalten im Dach dringt Tageslicht ins Innere des Stadels. Doch sosehr ich meine Augen anstrenge, eine Eule kann ich nicht entdecken. Ich rufe einmal laut „buh“, doch nichts fliegt auf. Gerade als ich mich zum Gehen wenden will, fällt mein Blick auf den Boden. Da liegen zahlreiche Gewölle verstreut. Also doch! Die nächtlichen Jäger halten sich hier auf. Ich bücke mich, um einen der Speiballen aufzuheben, und trete dann ans Licht, um durch die Bestimmung

Vorhergehende Doppelseite: Sperlingskauz auf einem Baumriesen in Kärnten.

Schleiereule auf nächtlichem Beutefang.

Folgende Seiten: Links: Habichtskauz im Bayerischen Wald. Rechts: Kirchtürme waren lange Zeit ideale Eulenbrutplätze. Heute sind die meisten vergittert.

der darin enthaltenen Knochen in Erfahrung zu bringen, wovon sich die Eulen hier ernähren. Da fällt mir auf, dass sich im Innern des Ballens ein großer und fester Knochen befinden muss. Erstaunt setze ich meine Arbeit fort, trage Schicht um Schicht der schwarzen Mäusehaare ab. Plötzlich stelle ich fest: Der »Knochen« glänzt! Und es dauert nicht lange, bis ich bemerke, dass es sich bei dem vermeintlichen Knochen um einen Schlüssel handelt!

Ein neugieriger Eulenjungvogel muss den Schlüssel, vielleicht vom Glanz des Metalls angezogen, in den Schnabel genommen und schließlich verschluckt haben. Wie auch immer, ich hielt den Schlüssel in der Hand und fragte mich, was ich damit anfangen könnte. Da fiel mein Blick auf den alten Traktor. Und, ob man es glaubt oder nicht: Der Schlüssel passte in die Zündung! Einmal herumgedreht, und schon sprang der Motor laut knatternd an, sodass die Eichelhäher am Rand der Lichtung laut schimpfend in den nebligen Herbsttag davonflogen.

Nach dem Bericht des Schülers Nikolaus Thum

Lachende Eulen und weise Schuhus

Kauziges in Sprache und Dichtung

Eulen haben nicht nur die Bühne der darstellenden Künste erobert (siehe erstes Kapitel), sie gastieren auch in der Literatur sowie in allerlei volkstümlichen Redewendungen. Wobei in dichterischer Freiheit mal von Eule oder Uhl, mal von Kauz oder Schuhu die Rede ist. Auf genaue Artbezeichnungen darf man hier nicht hoffen. Wichtiger sind den Dichtern bestimmte allgemeine Merkmale und – oft angedichtete – Eigenschaften. Je weniger der Künstler über wirkliche Eulen weiß, desto besser eignen sie sich als Symbole des Guten oder Bösen, oder menschlicher Regungen aller Art.

In seiner berühmten Gedichtsammlung, »Die Blumen des Bösen« (»Les Fleurs du Mal«), widmet Charles Baudelaire (1821–1867) ein Gedicht den Eulen. Er beginnt mit einer knappen, vergleichsweise »naturalistischen« Skizze in Bäumen ruhender Eulen, die auf die Nacht warten. Er wäre aber nicht der Dichter menschlicher Regungen und Werte, würde er sie dann nicht doch zu Symbolen und zum Vorbild ungestörter Kontemplation erheben.

Die Eulen

Im Schutz von schwarzen Eibenbäumen
In Reihen sitzt der Eulen Schar,
Wie Götter fremd und sonderbar,
Ihr rotes Auge glüht. Sie träumen.
Sie sitzen starr und ohne Laut,
Bis zu den schwermutvollen Stunden,
Da schräg der letzte Strahl entschwunden,
Und Finsternis ihr Reich sich baut.
Den Weisen lehrt ihr still Gebaren,
Wie er sich hüte vor Gefahren,
Die Hast und Lärmen bringt zu Tag.
Dem Menschen, toll von Schein und Schimmer,
Ward es zum Fluche, dass er nimmer
An einem Platze rasten mag.
(Übersetzung von Terese Robinson)

←

Schmusende Steinkäuze in Spanien.

Vorhergehende Doppelseite: Der Steinkauz bevorzugt in Südeuropa offene, steinige, trockene Landschaften.

Ganz in der Tradition pädagogisch-moralischer Tierfabeln bewegt sich der Schweizer Pädagoge und Sozialreformer Pestalozzi (1746 bis 1827) mit einer kurzen Fabel, worin der Kauz jenen als schlechtes Vorbild vorgeführt wird, die andere mit großen Augen beglotzen. (Da könnte man wohl denken: Was mögen das damals für goldene pädagogische Zeiten gewesen sein!)

Kauz und Adler

Als die Vögel einen Kauzen aushöhnten, sagte ihnen ein zuschauender Mensch: »Dem Adler, dem Adler solltet ihr euren Unwillen also zeigen!«
Die Vögel erwiderten: »Wir wissen wohl, dass der Adler viele von uns frisst; aber wir verspotten den Kauzen nicht, weil er uns frisst, sondern weil er wie ein Narr Augen macht, wenn er uns anschaut.«
Die Vögel hatten recht. Es kann jemanden, der weiß, was die Augen im Menschenkopf bedeuten sollen, nichts Widrigeres sein, als von jemand mit Nachteulenaugen angeguckt zu werden.

Auf seine bekannt skurrile Art befasst sich Christian Morgenstern (1871–1914) in seinen »Galgenliedern« offenbar mit Methoden der Lichtmessung in der Astronomie, die, wie es scheint, strittig waren zwischen dem deutsch-britischen Astronomen Friedrich Wilhelm Herschel (1738–1822) und dem amerikanischen Astrophysiker Samuel Pierpont Longley (1834–1906, der von Morgenstern fälschlicherweise »Langsley« genannt wurde.

Der Mondberg-Uhu

Der Mondberg-Uhu hat ein Bein,
sein linkes Bein, im Sonnenschein.
Das rechte Bein jedoch des Vogels
bewohnt das Schattenreich des Kogels.

Bis hundertfunfzig Grad im Licht
gibt Herschel ihm (zwar Langsley nicht),
im Dustern andrerseits desgleichen
dasselbe mit dem Minuszeichen.

Sein Wohl befiehlt ihm (man versteht),
daß er sich stetig ruckweis dreht.
Er funktioniert wie eine Uhr
und ist doch bloß ein Uhu nur.

Auf philosophisches Glatteis wagt sich Wilhelm Busch (1832–1908) mit einem Disput zwischen Storch und Rabe über die alte Frage, ob zuerst die Henne oder das Ei war.

Der weise Schuhu

Der Schuhu hörte stets mit Ruh,
wenn zwei sich diskutierten, zu. –
Mal stritten sich der Storch und Rabe,
Was Gott, der Herr, erschaffen habe,
Ob erst den Vogel oder erst das Ei.
»Den Vogel!« schrie der Storch.
»Das ist doch klar wie Brei!«
Der Rab krächzte: »Das Ei, wobei ich bleibe;
Wer's nicht begreift, hat kein Gehirn im Leibe!«
Da fingen an zu quaken
Zwei Frösch' in grünen Jacken.
Der eine quakt. »Der Storch hat recht!«
Der zweite quakt: »Der Rab' hat recht!«
»Was?« schrien die beiden Disputaxe.
»Was ist denn das für ein Gequakse?« –
Der Streit erlosch. –
Ein jeder nimmt sich einen Frosch,
Der schmeckt ihm gar nicht schlecht.
Ja, denkt der Schuhu, so bin ich!
Der Weise schweigt und räuspert sich!

Bei den oft an Wilhelm Busch erinnernden humoristischen Gedichten in Eugen Roths »Großes Tierleben« weiß man nie so genau, ob sich der Dichter (1895–1976) mehr über all diese merkwürdigen Kreaturen, über die Menschen generell oder aber über deren Vorstellungen von den Kreaturen lustig macht. Wissenschaftlich korrekt ist er allerdings nicht immer, etwa wenn er schreibt: »Die Eule frisst, was sie erwischt«. Wie wir nach Lektüre dieses Buches hinlänglich wissen sollten, gibt es wenige Vogelarten, die sich in puncto Beute so hoch spezialisiert haben wie viele Eulen.

Hier also Schmunzelnswertes aus Eugen Roths Feder über Eulen im Allgemeinen und Käuzchen, Uhu, Sumpf-, Brand-, Bruch-, Rohr-, Moor- und Ohr-Eule im Besonderen:

Die Eule ist (lateinisch strix)
Berühmt ob ihres scharfen Blicks –
Wobei ich flüchtig nur erwähne
Die eulenäugige Athene –,
Sie kommt nur nachts aus dem Gehäuse
Und jagt nur Mäus und Fledermäuse.
Sie streicht von beirischen Bezirken
Hinunter weit bis zu den Türken.
Der Eule Weisheit ist nur Trug.
Sie scheint durch ihr Schweigen klug.
Bei Mondlicht sitzt sie nachts herum,
Das hält man dann für Studium.
Die Eule frißt, was sie erwischt;
Sie raubt und mordet, jagt und fischt.
Nachts fliegt sie lautlos, meisterhaft:
Das wirkt natürlich geisterhaft,
Zumal ihr Auge grünlich glüht.

Vorhergehende Doppelseite: Ein Uhu fliegt auf Beutesuche übers Wasser.

Eine etwas schuldbewusst aussehende Schleiereule mit erbeuteter Fledermaus.

Verhärtet sehr ist ihr Gemüt:
Ist nicht schon der Gedanke gräuslich,
Daß Eulen, anstatt krankenhäuslich
Die siech Gewordnen einzuweisen,
Dieselben ungerührt verspeisen?
Bei Unterscheidung zweier Eulen
Gibt's Uhus sowie Schleiereulen.

Im Finstern mancher schlägt ein Kreuzchen,
Hört klagen er das arme Käuzchen.
Im mondgespenstigen Dämmerlicht
Schreit es vom Baume jämmerlicht.
Das gilt als böses Zeichen nun,
Der Bauer nennt es Leichenhuhn,
Auch Totenvogel und so fort;
Doch ist daran kein wahres Wort.
Sitzt Aberglaube einmal fest,
Nur schwer er sich vertreiben läßt:
Betrug der Mensch sich erst gemein,
Sieht er sein Unrecht ungern ein,
Im Gegenteil, er kommt zum Schluß,
Daß, wen er haßt, auch schlecht sein muß;
Denn wär'n – das Beispiel ist bekannt –
Nicht Hexen die, die er verbrannt,
Wär selbst er Mörder, schauerlich.
Drum läßt er, tief bedauerlich,
Noch heut die Wesen oft, die käuzigen,
Am Scheunentore grausam kreuzigen.

Der Kauz kommt uns nur komisch vor:
Er selbst hat keinerlei Humor.
Der Eulenspiegel umgekehrt,
Legt manchmal allzugroßen Wert
Auf sein spaß-vögliches Bestreben:
Es muß auch solche Käuze geben!

Der Waldkauz, oft bis meterbreit,
Verschläft die schönste Tageszeit,
Grölt nachts betrunken: »Juhuhu!«
Am besten hört man ihm nicht
zu.

← *Ein ziemlich strubbelig wirkender Waldkauz nach dem Regenbad.*

Der Uhu, Schuhu oder Auf,
Auch Bubo-Bubo, nimmt in Kauf,
Daß man für dumm ihn hält, verstockt,
Wenn er dafür gemütlich hockt
In hohlen Bäumen, Burgentrümmern;
Doch statt sich nicht um ihn zu kümmern,
Die Vögel sich zusammenrotten,
Um ihn zu ärgern und verspotten,
Am Tag, wo sie die Stärkern sind,
Weil da der Uhu beinah blind.
Doch nachts, wo seine Sterne strahlen,
Gedenkt er's ihnen heimzuzahlen.
Mit Uhus, die die Vögel reizen,
Den Vogel-Herd die Menschen heizen,
Dran sich manch loser Vogel brennt,
Weil Rachsucht keine Vorsicht kennt.
Der Uhu, wenn er auch gefräßig,
Ist doch im Trinken ziemlich mäßig.
Der »b'suffne Uhu« ist daher
Vertretbar wissenschaftlich schwer.
»Will Vogelfang dir nicht geraten,
So magst du deinen Schuhu braten!«
Den Vers, der weiter nicht vonnöten,
Setz ich hierher, weil er von Goethen.

Die Sumpf-, Brand-, Bruch-, Rohr-, Moor-
und Ohr-
Eul' kommt in aller Welt fast vor.
Doch jetzt meist nur noch ausgestopft;
Sie ist am Ohre schön geschopft.

Dem im 13. Jahrhundert lebenden englischen Dichter Nicholas of Guildford lagen die Eulen offenbar besonders am Herzen. Ihm schreibt man das altenglische Gedicht »The Owl and the Nightingale« zu.

In dem Gedicht singt die Nachtigall auf einem mit Blüten übersäten Zweig und erblickt eine Eule, die ihrerseits auf einem

efeuübersponnenen Gewölbe hockt. Erscheinung und Verhalten der Eule ermutigen die Nachtigall, sie in ein Gespräch zu verwickeln, das sich bald zu einem regelrechten Dialog nach französischer Art entwickelt. (Was immer man darunter verstehen mag.) Dabei vertritt die Eule das logische Argument, während die Nachtigall, aus reichem Erfahrungsschatz schöpfend, darum bemüht ist, Gegensätze auszugleichen. Als schließlich dennoch die Debatte im Streit zu eskalieren droht, mischt sich der Zaunkönig ein und überredet die Disputanten, sich zum Haus des Master Nicholas zu begeben und ihm ihren Fall vorzutragen. Das Ganze entgleitet am Ende dann doch ein wenig zu einem Lobgesang auf den edlen Master Nicholas, der schon so viele gerechte Urteile gefällt hat und mit so viel Weisheit schreibt und komponiert. Das Poem gipfelt in einem Wehklagen darüber, dass so ein gelehrter und edler Mann keinerlei Unterstützung vom Bischof erfährt. (Womit offenbar der Poet, wie so oft, bei sich selbst landet.)

Da eine kongeniale Nachdichtung dieses alten Poems meine Fähigkeiten übersteigt, füge ich eine Übersetzung daraus bei, in der die Eule erzählt, welche Fähigkeiten ihr die Menschen alle zuschreiben.

Als weiser Vogel bin ich bekannt
Kann ich doch die Zukunft nennen:
Von Hunger und Krieg weiß ich,
Und wie lange einer leben wird.
Ich weiß, ob eine Frau treu liebt
Oder ob ein Unglück heraufzieht;
Weiß, wer sein Leben bald verliert
Und wer ein schlimmes Ende findet;
Wenn Heere aufeinanderprallen,
Weiß ich schon, wer siegen wird;
Im Frühling weiß ich, welch Gewächs
Zur Freude aller blühen soll;
Weiß, welches Haus bald einstürzt,
Und ob wer aufsteigt oder fällt;
Weiß auch, welch Schiff im Meer versinkt,
Und ob bald Sturm die Lande peitscht;
Von vielem noch weiß ich zu sagen,
Denn mir ward Wissen reich zuteil.

Der Dichter und Maler Max Dauthenday (1867–1918) gilt als einer bedeutendsten Impressionisten in Deutschland. Über seine Gedichte sagte der große Stefan George, sie seien »eine eigenartige Kunst, die reicher genießen lasse als Musik und Malerei, da sie beides zusammen sei.« Als rechtem Impressionisten geht es Dauthenday im folgenden Gedicht nicht um die Eule selbst, sondern um die Wirkung ihres Rufens auf die Seelen der Menschen und des Dichters. Am Ende vollzieht er eine erstaunliche Wende, indem er in den »schaurigen« Rufen der Eule den Mensch und Tier gemeinsamen Ruf nach Liebe entdeckt. Das Gedicht ist der Sammlung »Insichversunkene Lieder im Laub« entnommen.

Die Eule und ich

Eine Eule hat herübergelacht über den Fluß,/
Und es tanzte die Nacht
erschreckt auf einem Fuß./
Die Fenstergardinen bewegten sich sacht,/
Ein Schatten hat sich über
meinen Rücken gestreckt./
Es hat mir der Eule Nachtgelächter
die Haare wachsen gemacht,/
Als hätten frischgegrabene Gräber laut gelacht,/
Als würde die ganze Erde unter
Gewieher und Geheule/
Zu einer mächtig dunklen Rieseneule./
Ihre Flügel waren das Finster draußen,/
Und bei ihrem Sausen verdorrten
die Flammen der Kerzen./
Alle Schlafenden setzten sich auf in ihrem Bette,/

Leicht verschneite Sperbereule.

Alle Träume und Liebesgedanken wurden Skelette/
Und umtanzten die Eule mit
Seufzen und Grausen./
Aber dann fiel es mir glücklich ein,/
Daß auch die Eulenherzen nach Liebe schrein,/
Sie fühlen wie Menschen der Sehnsucht Geheule./
Und Herzbruder wurde mir draußen
die liebesbrünstige Eule,/
So daß wir uns beide in gleichen Gedanken,/
Die Eule und ich, in die Arme sanken./

Die Literatur ist voll von Eulen – wenn man danach sucht. Wir schließen diese kleine und ziemlich zufällige Auswahl mit einem amüsanten Gedicht eines mir bislang völlig unbekannten Gottlieb Konrad Pfeffel (1736–1809). Man lernt daraus unter anderem, dass zu bestimmten Zeiten und/oder in bestimmten Regionen Fledermäuse auch als Speckmäuse bezeichnet wurden. Außerdem müssen wir wieder einmal feststellen, dass Poeten in naturkundlichen Fragen häufig beschämend wenig Ahnung haben: Eine Fledermaus, die ihr »Nest« verlässt ... »Cynthia« ist übrigens der Beiname der griechischen Göttin Artemis, die u. a. mit einem silbernen Bogen ausgetattet ist, der gelegentlich die Mondsichel symbolisiert. Die Moral von dem Gedicht: Man erfährt (sofern man's nicht schon wusste), dass gewaltbereite Schöngeister mit schöngeistigem Gelaber leicht zu besänftigen sind – was sie aber nicht davon abbringt, den Bruder im Geiste dann doch zu verschlingen.

Rufendes Steinkauzmännchen.

Der Uhu und die Fledermaus

Gehüllt in seinen krausen Schleyer
Saß einst auf seinem Klosterdach
Ein Uhu, sann in stiller Feyer
Der Quadratur des Zirkels nach,
Und orgelte mit dumpfer Kehle
Just sein entzücktes Hevrika!
Als eine Speckmaus in der Höhle
Des Glockenthurms, den Cynthia
Versilberte, vom Durst der Seele
Nach Licht gedrängt, ihr Nest verließ
Und auf das Dach herunter tauchte.
Er packte sie so fest beym Vließ,
Daß sie nur einen Druck noch brauchte
Um todt zu seyn. Was! rief er aus,
Darf eine schnöde Fledermaus
Die Zirkel Archimeds zerstören?
Stirb, Frevlerin! – das Mäuschen schrie:
Gestrenger Herr! laß meine Zähren
Im Namen der Philosophie
Dich um Barmherzigkeit beschwören!
Auch meinen Geist beschäftigt sie;
Mein Auge späht den Gang der Sphären:
Kurz ehe mich dein Zorn geschreckt,
Hab ich im Bild des kleinen Bären
Heut einen neuen Stern entdeckt. –
Ich sehe wohl, wir sind Collegen!
Versetzt der Kauz, nun, meinetwegen!
Schon dieser Titel reizet mich,
Der Facultät zu Ehren, dich
In meinen Magen zu begraben:
Du weist ja, daß zu aller Zeit
Die Philosophen ungescheut
Einander aufgefressen haben.

Erfolg einer ungewöhnlichen Wiederansiedlung: Habichtskauz im Bayerischen Wald.

Artenteil

Die Eulen Europas

Uhu

Bubo bubo

LEBENSRAUM & VERBREITUNG:

Als großer Standvogel braucht der Uhu reichgegliederte Landschaften mit einem ganzjährig ausreichenden Angebot an geeigneten Beutetieren. Als Felsbrüter bevorzugt er Berglandschaften, besiedelt aber ebenso Wälder und Wüsten, wo er auch auf dem Boden brütet. In optimalen Lebensräumen können je 100 km² bis zu 7 Paare im Abstand von 2–3 km leben. Sein Verbreitungsgebiet erstreckt sich von Nordafrika und Europa nach Osten bis Japan, im Süden bis Arabien, Südindien und Südchina.

AUSSEHEN:

∅ Größe/Gewicht: deutlich größer als Mäusebussard; Männchen 61 cm, 1900 g, Weibchen 67 cm, 2600 g; Flügelspannweite: 157–168 cm. Mit diesen Ausmaßen ist der Uhu weltweit die größte lebende Eule. Sein dicker Kopf mit den (meist) auffälligen, 8 cm langen Federohren und den orangefarbenen Augen hat Ähnlichkeit mit dem der Waldohreule, die aber nur halb so groß ist. Das Gefieder ist oberseits rostbraun mit dunklen Flecken und Bändern, unterseits etwas heller mit dunklen Längsflecken und feiner Querbänderung. Beim Rufen (mit geschlossenem Schnabel!) zeigt sich durch Aufblähen der Kehle ein weißer Fleck. Im Flug sind die langen, ziemlich breiten Flügel und der dicke Kopf charakteristisch.

VERHALTEN & STIMME:

Der Reviermarkierungs- und Balzgesang des Männchens besteht aus dem namensgebenden, 2-silbigen »bu-ho«, wobei die zweite Silbe in Tonlage und Lautstärke abfällt. Der entsprechende Gesang des Weibchens klingt heller »uh-jo«. Alarmrufe: »kwäk«, »gräck« oder »ho-ho-ho«; Bettelrufe des Jungen: »tchü« oder »taschatt«.

AKTIVITÄTSMUSTER:

Tagsüber ruhen die Vögel im Sichtschutz von Baumkronen oder Felsnischen. In der späten Dämmerung beginnt die Aktivitätsphase oft mit Gesang und anschließendem Ausflug zur Jagd. Um Mitternacht wird in der Regel eine längere Pause eingelegt und die Jagd erst gegen Morgen wieder aufgenommen.

BEUTETIERE:

Das Beutespektrum reicht von Mäusen bis zu Kaninchen, von Tauben bis zu Bussarden und ist stark von Lebensraum und Jahreszeit abhängig. In Siedlungsgebieten können

Ein Uhu mit voll ausgebreiteten Schwingen und gespreiztem Schwanz kurz vor der Landung (oben links); Altvogel (oben rechts), Junguhu (unten).

Vorhergehende Doppelseite: Waldohreule am Schlafplatz in Eibe.

auch Katzen geschlagen werden. Mäuse, Ratten, Igel, Eichhörnchen, auch Fische und Frösche sowie verschiedene Vögel (Krähen, Tauben, Drosseln, andere Eulen, an der Küste Wasservögel) machen in Mitteleuropa die Masse des Speiseplans aus. Gewölle: ∅ 72 × 34 mm.

FORTPFLANZUNG & ALTER:

Neue telemetrische Untersuchungen haben gezeigt, dass Uhus wahrscheinlich nicht, wie bislang angenommen, in lebenslanger monogamer Partnerschaft und Reviertreue leben. Gewöhnlich beginnen sie mit der Fortpflanzung erst im 3. Lebensjahr. Schon im Herbst (Oktober) wird das Revier abgegrenzt und die Partner finden sich. Die eigentliche Balz findet im Februar/März statt. Die Nestmulde wird meist in einer Felsnische angelegt. Meist schon im März legt das Weibchen seine 2–3 weißen Eier und bebrütet sie dann 34 Tage und wird vom Männchen mit Beute versorgt. Die Jungen sind mit 50–60 Tagen flugfähig, verlassen aber oft schon viel früher das Nest. Im Alter von etwa 5 Monaten sind sie selbstständig. In freier Natur können Uhus 27 Jahre alt werden, in der Voliere 34–68 Jahre.

BESTAND, GEFÄHRDUNG, SCHUTZ:

Der Bestand in Mitteleuropa wird auf mindestens 2650 Paare geschätzt, der Skandinaviens auf etwa 5000. Gefahren sind Störungen am Brutplatz (z.B. durch Kletterer), Stromleitungen sowie der Verkehr auf Schiene und Straße. Die Intensivierung der Landwirtschaft schränkt das Nahrungsangebot ein. Schutzmaßnahmen sind: Schutzzonen um Brutplätze (mindestens 200 m) und die Entschärfung von Strommasten.

Schnee-Eule

Nyctea scandiaca

LEBENSRAUM & VERBREITUNG:

Charakteristischer Bewohner arktischer Tundren Nordeuropas, Nordasiens und Nordamerikas.

AUSSEHEN:

∅ Größe/Gewicht: größer als Mäusebussard; Männchen 58 cm, 1700 g, Weibchen 63 cm, 2100 g; Flügelspannweite: 145–157 cm. Nach dem Uhu die größte europäische Eule. Männchen reinweiß, Weibchen und Junge rundherum auf weißem Grund schwarz gefleckt, am Bauch gebändert. Iris in allen Kleidern gelb. Füße befiedert. Flugbild: lange Flügel, kurzer Schwanz.

VERHALTEN & STIMME:

Sitzt auch beim Ruhen ganz offen und exponiert mit guter Übersicht. Außerhalb der Fortpflanzungszeit meist stumm. Reviergesang des Männchens: monotone Reihen rauer »chruh«-Rufe im Abstand von 1,5–2 Sek., die wie Hundegebell über große Entfernung zu hören sind. Gesang in höherer Erregung ansteigend und abfallend: »ga-ga-ga-ga-ga – hruuh-hruh-huh-hu-u«. Das Weibchen singt ähnlich, aber leiser, unsauberer und kürzer. Bettelrufe der Jungen (und Weibchen) pfeifend »chsiiij« oder schleifend »zwiieji«.

AKTIVITÄTSMUSTER:

Die Dämmerung wird als Jagdzeit bevorzugt. Im Sommer meist in den hellen Nächten zwischen 23:00 und 6:00 Uhr. Beutefang aber auch tagsüber, speziell während der Jungenaufzucht.

BEUTETIERE:

Hauptbeute in Skandinavien sind Lemminge u. a. Wühlmäuse. Daneben auch Vögel bis Entengröße, auch Schneehühner. Gewölle: 71 × 27 mm.

FORTPFLANZUNG & ALTER:

Nistplatz ist eine ausgescharrte Mulde an erhöhter, trockener, windgeschützter Stelle. Durch um das Nest verstreuten Kot und Gewölle wächst dichte Vegetation um das Nest. Das Gelege besteht aus 7–9 weißen Eiern, die 32–34 Tage bebrütet werden. Die Jungen verlassen nach 2–3 Wochen das Nest und verteilen sich in der Umgebung; mit 8–9 Wochen sind sie flugfähig und bald auch selbstständig. – Im Freiland werden die Vögel meist mindestens 9 Jahre alt, in Menschenobhut bis 28 Jahre.

BESTAND, GEFÄHRDUNG, SCHUTZ:

Die Zahl der Brutpaare in Skandinavien wird auf maximal 350 und im europäischen Russland auf maximal 1000 geschätzt. Die Bestände scheinen langfristig abzunehmen (Klimawandel?). Verkehr und touristische Störungen fordern (auch in Kanada) zunehmend Opfer.

Schnee-Eulen vertragen enorme Minustemperaturen – solange genügend Nahrung vorhanden ist.

Bartkauz

Strix nebulosa

Bei warmem Wetter lässt der Bartkauz gerne seine Flügel etwas hängen.

LEBENSRAUM & VERBREITUNG:

Der Bartkauz bewohnt Altbestände von Fichten, Kiefern und Birken, wo Horste von Greifvögeln (Habicht, Bussard) ihm als Nistplatz dienen. Für die Jagd benötigt er angrenzende offene Flächen, etwa Moore und Kahlschläge. Sein Verbreitungsgebiet erstreckt sich über die nördlichen Nadelwälder (Taiga) von Skandinavien bis Ostsibirien und Nordamerika.

AUSSEHEN:

Größe/Gewicht: größer als Mäusebussard; Männchen 65 cm, 900 g, Weibchen 67 cm, 1200 g; Flügelspannweite: 139–146 cm. Sein englischer Name, »Great Grey Owl« (»Große Graueule«), ist bezeichnender als der deutsche, der sich auf den schwarzen Streifen unter dem Schnabel bezieht. Mit Uhu und Schnee-Eule gehört der Bartkauz zu den größten Eulen. Sein Federkleid ist überwiegend grau, am Kopf zart gemustert, auf Flügeln und Bauch gröber gefleckt. Dicker Kopf ohne Federohren und großes, rundes Gesicht mit gelben Augen sind charakteristisch.

VERHALTEN & STIMME:

Eine auch in dichtem Wald sehr geschickt manövrierende Eule. In Tarnstellung ist der Körper extrem langgestreckt und schmal. Reihen muhend-dumpfer »bmu-bmu-bmu ...«-Laute dienen der Reviermarkierung. Bei Alarm ertönt ein brummendes »brooh«. Das Weibchen lässt gackernde Laute hören (Fütterungslaut) und ein 2-silbiges »kwichä«. Die Bettellaute der Jungen klingen etwa wie: »pchit-pchat« oder »pchü-chüp«.

AKTIVITÄTSMUSTER:

Hauptsächlich dämmerungs- und nachaktiv, aber tags rege. Ruhepause um Mitternacht, sofern es nicht 24 Stunden hell oder dunkel ist.

BEUTETIERE:

Trotz seiner Größe werden fast nur Kleinsäuger (Mäuse) gefangen.

FORTPFLANZUNG & ALTER:

Brütet hauptsächlich in Habichtsnestern und in Finnland und Schweden zunehmend auch in Kunstnestern, einfachen Plattformen aus Knüppeln oder offenen Kästen. Das Gelege besteht aus 3–6 weißen Eiern, die vom 1. Tag vom Weibchen bebrütet werden. Nach 28–30 Tagen schlüpfen die Jungen. Das anfangs weiße Eidunenkleid ist schütter, wird aber bald durch ein dichtes braunes Nestdunenkleid ersetzt. Im Alter von 27–29 Tagen verlassen die Jungen als Ästlinge das Nest und erreichen mit 40–50 Tagen die Flugfähigkeit. Bartkäuze können im Freiland bis 16 Jahre alt werden.

BESTAND, GEFÄHRDUNG, SCHUTZ:

In Skandinavien leben etwa 2000–3500 Brutpaare, im europäischen Russland einige Tausend. Nachteilig auf die Bestände wirkt sich moderne Forstwirtschaft aus. Künstliche Bruthilfen (Nester und offene Kästen) sind eine wichtige Stützmaßnahme.

Habichtskauz

Strix uralensis

LEBENSRAUM & VERBREITUNG:

Im Nationalpark Bayerischer Wald, wo die Lebensraumnutzung von 29 jungen Habichtskäuzen telemetrisch verfolgt wurde, bevorzugten die Vögel sonnige Altbuchenbestände mit angrenzenden beutereichen Freiflächen. Auch in den Karpaten und anderen Balkangebirgen brüten die Käuze in alten Buchenwäldern auf Greifvogelhorsten. In Skandinavien und Russland werden dagegen Nadelwälder bevorzugt. Das Verbreitungsgebiet der Art erstreckt sich von Nordosteuropa durch Sibirien bis Korea und Japan.

AUSSEHEN:

∅ Größe: etwa wie Mäusebussard; 54–61 cm,
Gewicht: Männchen 660 g,
Weibchen 960 g;
Flügelspannweite: 115–125 cm.
Gefieder oben und unten mit kräftigen dunklen Längsflecken ohne Querzeichnung. Ausgeprägter heller Gesichtsschleier mit schwarzer »Narbe« über dem dunkelgelben Schnabel, Augen schwarz. Im Flug jungem Habicht ähnlich. Jungvögel von jungen Waldkäuzen schwer zu unterscheiden.

VERHALTEN & STIMME:

Die sehr territorialen und partnertreuen Vögel gehen sich außerhalb der Brutzeit aus dem Weg, verteidigen aber das Revier gegen fremde Artgenossen und kleinere Eulen wie Waldkauz und Waldohreule. Menschen lassen die Käuze in einer Art hochgestreckter Tarnstarre bis auf wenige Meter herankommen, oder sie nehmen eine aufgeplusterte Drohstellung ein. Sie sind sehr aggressiv und wehrhaft und verteidigen ihre Brut vehement. Reviergesang der Männchen ist zur Balzzeit ein dumpf bullerndes »buhuuu-bubulo-buhu«, im Herbst eine Serie bellender »chorah«-Schreie. Dem Weibchen fehlen die »buh«-Laute, es ruft rau krächzend. Alarmrufe: Serien von »kwäck« und »jäk«. Bettelrufe der Jungen: 2-silbige »chi-jit«-Laute.

AKTIVITÄTSMUSTER:

Hauptsächlich dämmerungs- und nachtaktiv; während der Jungenaufzucht und winterlichem Nahrungsmangel auch am Tage jagend.

BEUTETIERE:

Mäuse und Spitzmäuse sind die Hauptnahrung (bis zu 90 %). Aber auch Vögel bis zur Größe von Eichelhäher, Schwarzspecht und Haselhuhn werden geschlagen. In Bodenjagd werden zudem Frösche, Eidechsen und Käfer gefangen. Gewölle: ∅ 62 × 25 mm.

FORTPFLANZUNG & ALTER:

Als Nistplatz dienen Baumhöhlen in abgebrochenen Stämmen und Greifvogelhorste. Verschiedene Nistkästen werden gerne angenommen. Die Geschlechter leben gewöhnlich in monogamer Dauerehe. Die Balz beginnt schon im Herbst mit Reviergesängen. Im Frühjahr nähern sich die Partner nicht ohne aggressive

Habichtskauz im Flug vor Sonnenuntergang und am Tagesschlafplatz in Kärnten.

Ausfälle. Mit Nestzeigen und -locken sowie gelegentliche Beuteübergabe stimmt das Männchen seine Partnerein auf die Brutzeit ein. Auch hier brütet ausschließlich das Weibchen, das in Mitteleuropa zwischen Mitte Februar und Mitte März seine 3–4 Eier legt und dann 28 Tage bebrütet. Junge Habichtskäuze ähneln in Zwischen- und Jugendkleid jungen Waldkäuzen. Um die 4. Woche werden die Nestlinge zu Ästlingen, wirklich flügge sind sie erst mit 3 Monaten. Höchstalter: 22 Jahre in freier Natur, 30 Jahre in der Voliere.

BESTAND, GEFÄHRDUNG, SCHUTZ:

In Deutschland und den östlich angrenzenden Ländern und Ungarn leben etwa 1000 Brutpaare. Deutlich dichter besiedelt sind Schweden, Finnland und Nordrussland, wo die Art in den letzten Jahrzehnten zugenommen hat. Insgesamt leidet die Art unter dem Verlust alter Wälder, an Verkehr und Forstzäunen. Großräumige Nistkästen als Ersatz für abgebrochene Bäume sind eine wichtige Schutz- und Stützungsmaßnahme für den Habichtskauz.

Waldkauz

Strix aluco

LEBENSRAUM & VERBREITUNG:

Bevorzugt werden lichte Laub- und Mischwälder sowie entsprechende Kleingehölze in Parks, Friedhöfen, Alleen und Gärten, sofern alte Bäume mit Höhlen oder Gebäudenischen vorhanden sind. Baumlose Flächen meidet der Waldkauz, weil ihm dort Ansitzwarten fehlen. Die Art ist in ganz Westeuropa und Nordafrika bis Iran und Westsibirien verbreitet. Eine östliche Population lebt von Mittelasien bis China und Korea.

AUSSEHEN:

∅ Größe/Gewicht: etwa Krähengröße; beide Geschlechter 40–42 cm, das meist etwas kleinere Männchen wiegt um 440 g, das Weibchen um 560 g; Flügelspannweite: 93–98 cm. Größer und kräftiger als Waldohreule und Schleiereule. Großer runder Kopf ohne Federohren, dunkle Augen. Unabhängig von Geschlecht und Alter ist die Grundfärbung rindengrau, dunkelbraun oder rostrot. In Mitteleuropa sind die meisten braun. Auf diesem Grund kräftige dunkle Längsstreifen mit dünneren Vergablungen. Oberseits helle Flecken. Flugbild gedrungen bis plump.

VERHALTEN & STIMME:

Tageseinstand gut gedeckt in dichten Baumkronen, auch in Höhlungen. Drückt sich oder nimmt gestreckte Tarnstellung ein, wenn Gefahr droht. Ausgesprochen territorial und aggressiv gegen Rivalen, aber in engem Partnerkontakt, im Vorfrühling auch Körperkontakt. Drohstellung aufgeplustert und mit schildartig herabgezogener Schwinge. Der herbstliche Reviergesang des Männchens besteht aus laut hallenden, wohlklingenden bis kreischenden Lauten: »huuuuh hu-hu-huuuuh« und »kju-wick«. Das Weibchen ruft meist mehr kreischend und gellend. Alarmrufe klingen wie »witt« oder »uitt«, auch gellend »kjiwiik«. Ästlinge betteln kräftig, aber ziemlich stimmlos »ks-zick«.

AKTIVITÄTSMUSTER:

Fliegen meist erst 20–30 Min. nach Sonnenuntergang aus; es folgt eine Ruhephase um Mitternacht und neuerliche Aktivität bis zum Morgengrauen. Bei hohem Beutebedarf (große Ästlinge) wird auch schon mal tags gejagt.

BEUTETIERE:

Die kräftigen Vögel können auch Tauben und Jungkaninchen über-

Mit 3–5 Jungen pro Jahr sorgt der Waldkauz für die Erhaltung seiner Art (beide Bilder oben).

Wie maßgeschneidert, der Tagesschlafplatz in einer Platane.

wältigen. Kleinsäuger (Mäuse) machen aber in der Regel 2/3 bis 3/4 der Beute aus. Der Rest besteht aus Kleinvögeln, Fröschen und Kröten. Gewölle: 48 × 24 mm.

FORTPFLANZUNG & ALTER:

Brutpaare leben monogam und meist in Dauerehe. Nach der territorialen Balz im Herbst (die auch dem Vertreiben der Jungen dient) setzt die Frühjahrsbalz im Spätwinter ein. Das Männchen lockt zum erwählten Nistplatz. Das sind bevorzugt Baumhöhlen, Gebäudenischen oder großräumige Nistkästen; auch Greifvogelhorste werden angenommen. Je nach Witterung beginnt das Weibchen schon im Februar, spätestens im März zu legen. Das Vollgelege besteht aus 2–4 (1–7) weißen Eiern, die allein vom Weibchen 28–29 Tage bebrütet werden. Im Alter von 30–32 Tagen verlassen die noch flugunfähigen Jungen das Nest und landen oft »verlassen« wirkend auf dem Waldboden. Kletternd arbeiten sie sich an rauen Stämmen oder Gebüsch zu einem sicheren Sitzplatz hoch. Mit 90–100 Tagen können die Jungen fliegen und sich auch bald selbst versorgen. In freier Natur können Waldkäuze mindestens 19, in Gefangenschaft bis 27 Jahre alt werden.

BESTAND, GEFÄHRDUNG, SCHUTZ:

In Mitteleuropa leben schätzungsweise 160.000 Brutpaare, davon 64.000 in Deutschland. Damit ist der anpassungsfähige Waldkauz unsere häufigste Eule. In den 1990er-Jahren wurde eine deutliche Abnahme der Bestände registriert. Stromleitungen, Eisenbahnen und Autos fordern viele Opfer. Wo gefährdete Kleineulen vorkommen (Steinkauz, Sperlings- und Raufußkauz), sollte der Waldkauz nicht gefördert werden.

Waldohreule

Asio otus

Mit gesträubtem Gefieder gibt eine Waldohreule ihre Abwehrbereitschaft zu erkennen.

LEBENSRAUM & VERBREITUNG:

Für die Jagd braucht die Waldohreule offene, möglichst kurzrasige Flächen mit reichem Mäusebestand, also Wiesen, Weiden, Moore, Heiden, Brachland, Kahlschläge usw. Für Brut und Tageseinstand werden Waldränder oder Feldgehölze, auch dichte Einzelbäume gewählt. Das Verbreitungsgebiet erstreckt sich von Westeuropa und Nordafrika quer durch Eurasien bis Japan.

AUSSEHEN:

∅ Größe/Gewicht: etwas kleiner als Krähe; um 36 cm, Männchen um 250 g, Weibchen um 300 g mit erheblichen jahreszeitlichen Schwankungen; Flügelspannweite etwa 95 cm. Kleiner und schlanker als der Waldkauz. Die oft steil aufgerichteten Federohren und die orangegelben Augen sind besonders typisch. Bei angelegten Ohren wirkt der Kopf sehr kauzähnlich. Das Gefieder ist oberseits gelblichbraun mit dunkler Marmorierung, unterseits hell rostgelb mit dunklen Längsstreifen und feiner Querbänderung. Der Gesichtsschleier ist schwarz und oft auch weiß gesäumt. Im Flug wirken Flügel und Schwanz länger als beim Waldkauz.

VERHALTEN & STIMME:

Waldohreulen sind auch zu Fuß recht behände, sowohl im Geäst als auch auf dem Boden. Der Flug ist leicht, schwebend oder gaukelnd. Das Männchen vollführt akrobatische Flugmanöver als Teil der Balz. Wie die meisten Eulen neigen Waldohreulen zu Einzelgängertum, bilden außerhalb der Brutzeit aber auch oft Wander-, Jagd- und Schlafgesellschaften. Ihr Revier ist kleiner als beim Waldkauz, und es werden auch Artgenossen in der Nestumgebung geduldet. Dafür halten Partner auf Distanz, ruhen in verschiedenen Bäumen und kraulen sich auch nicht gegenseitig. Während der Balz lässt das Männchen ein hohles »hu-hu-hu« hören. Beide Geschlechter klatschen mit den Flügeln. Alarmrufe klingen kläffend wie »uäk-uäk« oder katzenartig »kjiiiau«. Die Jungen betteln die halbe Nacht fiepend »szij«.

AKTIVITÄTSMUSTER:

Dämmerungs- und nachtaktiv. Aber auch während des Tages kann man Putzen, Feindabwehr und gelegentlich Beutefang beobachten. Winterliche Jagdgesellschaften begeben sich oft schon am späten Nachmittag

Waldohreulen-Ästling in Drohstellung.

auf Beutefang. Zur Brutzeit findet die Jagd mit einer längeren Ruhezeit um Mitternacht über insgesamt 5–6 Stunden nach der Abend- und vor der Morgendämmerung statt.

BEUTETIERE:

Mäuse, v. a. Wühlmäuse, machen den weitaus größten Teil der Beute aus. Weniger als 10 % bestehen aus häufigen Kleinvögeln, wie Sperlingen und Grünfinken. Gewölle: ∅ 46 × 21 mm.

FORTPFLANZUNG & ALTER:

Gleich nach dem Laubfall im November beginnen die Männchen, alte Krähen- und Elsternnester zu inspizieren. Vom ausgewählten Platz wird dann im zeitigen Frühjahr das Weibchen gelockt, dem das »letzte Wort« bei der Auswahl zusteht. Was das Männchen an stimmlichen Fähigkeiten zu wünschen übrig lässt, macht es durch akrobatische Balzflüge und lebhaftes Flügelklatschen wett. Gewöhnlich zwischen Ende März und Mitte April legt das Weibchen seine 4 bis 6 Eier (in Mäusejahren bis 8) und beginnt ab dem 1. Ei zu brüten. Die Brutdauer beträgt 27–28 Tage. Das weiße erste Dunenkleid der Jungen wird bald durch ein dichtes graubraunes Zwischenkleid ersetzt, in dem eine charakteristische schwarze Gesichtsmaske auffällt. Frühestens im Alter von 3 Wochen verlassen die Jungen als »Ästlinge« das Nest und klettern im Gezweig herum. Fallen sie zu Boden, klettern sie geschickt an Stämmen oder in Geäst wieder in die Höhe. Gegenüber Feinden drohen sie mit aufgefächerten Flügeln, Fauchen und Schnabelknappen. Mit 5 Wochen sind sie flügge. In freier Natur können Waldohreulen mindestens 28 Jahre alt werden.

BESTAND, GEFÄHRDUNG, SCHUTZ:

In Mitteleuropa leben etwa 93.000 Paare, davon 32.000 in Deutschland. In landwirtschaftlich intensiv genutzten Landschaften gehen die Bestände zurück, da es an Nahrung und Verstecken fehlt. Die Erhaltung von Dauergrünland und Feldgehölzen ist daher der beste Schutz. Wo es an geeigneten Nestern fehlt, können Kunsthorste eine Hilfe sein.

Sumpfohreule

Asio flammeus

LEBENSRAUM & VERBREITUNG:

Offene Landschaften mit niedriger Vegetation sind der bevorzugte Lebensraum: Moore, Verlandungsbereiche, Dünen und Wiesen. Gelegentlich wird auch auf Kahlschlägen oder in Getreidefeldern gebrütet. Das Verbreitungsgebiet erstreckt sich rund um den Pol von den nördlichen Tundren bis zu den südlichen Steppen. Auf der südlichen Halbkugel leben weitere Rassen.

AUSSEHEN:

∅ Größe/Gewicht: deutlich kleiner als Krähe; 34–42 cm, Männchen 350 g, Weibchen 420 g; Flügelspannweite: 96–107 cm. Sumpfohreulen sehen Waldohreulen ohne Federohren sehr ähnlich. Ein wichtiges Unterscheidungsmerkmal: Ihre Iris ist schwefelgelb (statt orange), was noch durch eine schwarze Umgebung der Augen im sonst hellen Gesicht betont wird. Die Unterseite weist nur dunkle Längsflecken und -streifen auf (keine Querzeichnung). Grundfärbung hell sandgelb, aber oberseits mit dichten dunklen Flecken. Füße bis zu den Krallen dicht befiedert.

VERHALTEN & STIMME:

Ungewöhnlich unter unseren Eulen: Bodenbrüter und (auch) Tagesjäger. Der leichte Flug erinnert an Weihen. Wie Greifvögel können Sumpfohreulen auch im Wind stehen oder rütteln. In der Balz kreisen sie segelnd weit in die Höhe und kehren im Sturzflug zurück, dazu Flügelklatschen und langsamer Imponierflug. Sumpfohreulen können ihr Gesicht von ganz rund bis spitz und »ohrig« vielfältig verändern; das spiegelt Stimmungen oder dient der Tarnung. Zur Brutzeit territorial, ansonsten aber zur Gruppenbildung neigend. Winterrastplätze umfassen gewöhnlich 15–20 Individuen, es können aber auch mehrere Hundert sein, manchmal mit Waldohreulen. Tarnung am Boden durch Flachmachen, im Gezweig durch Strecken. Der Reviergesang der Männchen besteht aus dumpf klingenden Reihen von 10–20 deutlich getrennten »bu«-Silben, die an den Wiedehopf erinnern. Alarmruf bellend »wäk-wäk«, auch quietschend und miauend. Bettelrufe der Jungen ziehend »xsiija«.

AKTIVITÄTSMUSTER:

Die bevorzugte Dämmerungsjagd kann sich bis in die Nacht wie in den ganzen Tag erstrecken.

Ruhephasen sind Mitternacht und Mittag.

BEUTETIERE:

Über 90 % der Beute sind Wühlmäuse. Andere Kleinnager oder Kleinvögel werden meist nur bei Mangel der Hauptbeute bejagt. Gewölle: ∅ 48 × 22 mm.

FORTPFLANZUNG & ALTER:

Spektakuläre Balzflüge auch am helllichten Tage dienen der Revierabgrenzung und Anpaarung. Zur sexuellen Balzphase gehört ein kreisend-trudelndes Zu-Boden-Stürzen und Singen am ausersehenen Nistplatz. Als einzige unserer Eulen tragen Sumpfohreulen auch Nistmaterial ein, begnügen sich aber oft auch nur mit der Bearbeitung

Sumpfohreulen gehen auch tagsüber auf die Jagd oder zeigen ihre Balzflüge.

vorhandener Gegebenheiten (Bodenmulden, Vegetation). Das Gelege besteht aus 7–10(–13) weißen Eiern. Es wird vom 1. Tag an bebrütet, was bei einem Legeabstand von 2 Tagen große Unterschiede beim Schlupf (nach 26 Tagen) ausmacht. Nesthäkchen sind bis zu 20 Tage jünger als Erstgeschlüpfte – und dienen vielfach nur als kannibalische Notration. Das pelzige Zwischenkleid gibt den Jungen bis zur 3. Woche Schutz. Bereits im Alter von 2 Wochen verlassen die Jungen das Nest und verteilen sich in der Umgebung. Mit etwa 30 Tagen sind die Jungen flügge, mit 50 Tagen weitgehend selbstständig. Sumpfohreulen können in freier Natur über 20 Jahre alt werden.

BESTAND, GEFÄHRDUNG, SCHUTZ:

In Mitteleuropa leben nur etwa 250–300 Paare, davon 50–140 in Deutschland. Der starke Rückgang der Bestände hängt besonders mit der Trockenlegung von Mooren und der Kultivierung anderer Feucht- und Brachflächen zusammen. Die Art gilt heute europaweit als gefährdet. Die Wiedervernässung von Mooren ist ein wichtiger Beitrag zum Schutz dieser Eule.

Schleiereule

Tyto alba

LEBENSRAUM & VERBREITUNG:

Eine Eule des milderen Tieflands und in Mitteleuropa der Kirchen, Scheunen und Wiesen. In höheren Lagen und ausgedehnten Wäldern ist sie nur ausnahmsweise zu Gast. Als wärmeliebende Art kommt die Schleiereule in Europa weder in den Alpen noch in Skandinavien und Nordost-Europa vor. Ansonsten ist sie nahezu weltweit in vielen Unterarten verbreitet, hauptsächlich in den Tropen und Subtropen.

AUSSEHEN:

∅ Größe/Gewicht: deutlich kleiner als Krähe; beide Geschlechter etwa 34 cm lang und 290–370 g schwer; Flügelspannweite: 90–98 cm. Eine insgesamt sehr hell wirkende Eule mit ausgeprägt herzförmigem Gesichtsschleier und dunklen Augen. Oberseits grau mit kleinen schwarz-weißen Tropfenflecken. Die Unterseite ist gelbbraun mit kleinen dunklen Flecken oder (in Süd- und Westeuropa) reinweiß. Die langen Flügel überragen den Schwanz im Sitzen. Die charakteristischen, wie schwarz lackiert wirkenden Gewölle (∅ 41 × 26 mm) verraten Ruheplätze der Schleiereule.

VERHALTEN & STIMME:

Am Boden und in der Luft sehr wendige Vögel. Diese Fähigkeiten werden auch bei Demonstrationsflügen um den Brutplatz, bei Verfolgungsflügen und Luftkämpfen mit Rivalen eingesetzt. Einzelgängerisch wie die meisten Eulen, aber während der Paarungszeit auch Kraulen, Schnäbeln und Kontaktliegen der Partner. Auf Wanderungen können auch lockere Gruppen gebildet werden. Gegenüber Feinden verhalten sich Schleiereulen eher konfrontationsvermeidend durch Tarnung, Verstecken und Flucht. In auswegloser Lage drohen sie mit erhobenen Flügeln, einem rauschenden Geräusch und schlingernden Bewegungen. Balz- und Reviergesang wiederholt schreiend »schrrrriii« und ratternd gurgelnde Laute. Das Weibchen (seltener das Männchen) lässt wiederholte schnurrende Schreie vernehmen. Der Warnruf ist ein heiseres, schrilles Quietschen. Die Jungen lassen ein Schnarchen hören.

AKTIVITÄTSMUSTER:

Ausgesprochen nachtaktiv, tagsüber nahezu unbeweglich und gut versteckt ruhend. Die Jagd beginnt meist erst 1 Std. nach Sonnenuntergang.

BEUTETIERE:

Auch diese Eule jagt bei uns fast ausschließlich Wühl-, Spitz- und Echte Mäuse. Die Vögel sind darin so meisterlich, dass die Männchen manchmal am Brutplatz ein Depot von 80 Feldmäusen anlegen. Ausnahmsweise werden auch Kleinvögel und Lurche erbeutet.

FORTPFLANZUNG & ALTER:

Eine lautstarke Balz mit heftigen Auseinandersetzungen zwischen den Partnern steht

Junge Schleiereulen kurz vor dem Ausfliegen; der rechte Vogel in Drohhaltung.

am Anfang der Brutzeit. Durch Beuteübergabe wird das Weibchen milde gestimmt. Rundflüge und kreischender Reviergesang halten Rivalen auf Abstand. Das Männchen sucht geeignete Nistplätze und demonstriert sie dem Weibchen. Zerkleinerte Gewölle dienen als Nistmaterial auf den oft glatten Unterlagen (Balken, Bretter, Steinplatten). Im April oder später legt das Weibchen 4–7 (oft auch mehr) weiße Eier und bebrütet sie 30 bis 34 Tage. Da vom 1. Ei an gebrütet wird und der Legeabstand 2 Tage beträgt, ist der Altersunterschied der Jungen bedeutend. Das erste Dunenkleid wird bald durch ein dichteres zweites ersetzt, das lange das eigentliche Federkleid überragt. Erst mit 8–10 Tagen öffnen sich die Augen. Nach 40–45 Tagen wandern die Jungen vom Nestplatz ab. Erst im Alter von 3 Monaten sind die Jungen flügge und verlassen bald das heimatliche Revier in alle Richtungen, oft über mehrere hundert Kilometer. Das Höchstalter in freier Natur wurde mit 22 Jahren festgestellt. Im Durchschnitt werden nur wenige Individuen älter als 4 Jahre.

BESTAND, GEFÄHRDUNG, SCHUTZ:

In Mitteleuropa leben rund 18.000 Paare, davon 9.000 bis 12.000 in Deutschland. In schneereichen Wintern erleiden Schleiereulen hohe Verluste, die sie in mäusereichen Jahren aber mit bis zu 20 Nachkommen pro Paar und Saison wieder ausgleichen können. Zu ihrem Rückgang haben die Vergitterungen der Kirchtürme und Veränderungen in der Landwirtschaft beigetragen. Mit speziellen, sehr großen Nistkästen kann man der Brutplatznot abhelfen.

Sperbereule

Surnia ulula

Fliegende Sperbereule mit der charakteristischen Rumpfzeichnung (links); Ästling (rechts oben); am Tagesschlafplatz (unten).

LEBENSRAUM & VERBREITUNG:

Die Sperbereule bewohnt die Nadelwälder der nördlichen Taiga oder Gebirge. Bevorzugt werden lichte Fichtenwälder mit Lärchen, Arven und Birken und angrenzenden Freiflächen (Moore, Kahlschläge) für die Jagd. Die Art ist von Norwegen über Schweden, Finnland, Sibirien bis Alaska und Kanada verbreitet. In Mittelasien geht sie südlich bis ins Tienschan-Gebirge.

AUSSEHEN:

∅ Größe/Gewicht: deutlich kleiner als Krähe; 36–41 cm, Männchen 270 g, Weibchen 320 g; Flügelspannweite: 70–80 cm. Eine mittelgroße Eule von fast Waldohreulen-Größe, ohne Federohren, mit langem, keilförmigem Schwanz und kurzen Flügeln. Das Gesicht des relativ kleinen Kopfes wirkt durch die breit zwischen den Augen herabgezogene Scheitelbefiederung und den breiten, seitlich schwarz gerahmten Schleier recht »querköpfig«. Die Iris ist hellgelb wie der Schnabel. Oberseits ist das Gefieder braun-schwarz mit weißen Flecken, unterseits weiß und mit dünnen dunklen Bändern »gesperbert«. Im Flug wirkt der Vogel durch kräftige Schwarz-Weiß-Zeichnung und langen Schwanz wenig eulenhaft.

VERHALTEN & STIMME:

Sperbereulen sind lebhafte und überwiegend tagaktive Vögel, die wenig Scheu vor Menschen zeigen. Ihre Bewegungen wirken keck wie ein Zaunkönig – einschließlich des Schwanzstelzens bei Erregung und nach harter Landung. Sogar Knicksen kann man beobachten. Typisch eulenhaft hingegen ist die gereckte Tarnstellung bei Bedrohung. Der Artname *ulula* umschreibt das wohlklingende, an- und abschwellende »Blubbern«, mit dem die Männchen ihre Liebesgefühle ausdrücken. Daneben hört man gellende Schreie und ein trillerndes Wiehern beider Geschlechter, das der Reviermarkierung dient. Bei Alarm lassen sie »zik-zik-zik ...«-Serien oder ein gezogenes Fiepen hören. Die Jungen betteln pfeifend-zischend.

AKTIVITÄTSMUSTER:

Auf die Jagd gehen Sperbereulen am liebsten um die Abend- und Morgendämmerung. Ansonsten kann man auch tagsüber vielerlei Aktivitäten beobachten, einschließlich Gesang.

BEUTETIERE:

Während Brut und Jungenaufzucht machen Wühlmäuse fast die einzige Nahrung aus. Nur vereinzelt werden auch Spitzmäuse und Kleinvögel geschlagen. Im Winter steigt der Anteil an Vögeln bis zur Größe von Schnee- und Haselhühnern. Gewölle: ∅ 41 × 22 mm.

FORTPFLANZUNG & ALTER:

Die eigentliche Balz findet im März oder Anfang April statt, aber schon im Herbst wird mit Trillern und Wiehern das Revier markiert. Als Bruthöhlen werden abgebrochene Bäume, Schwarzspechthöhlen oder auch Nistkästen bevorzugt. Zur Not bezieht man auch verlassene Nester. Mit tuckernden Lauten bietet das Männchen seine Funde an. Der Paarung gehen mehrere Fütterungen voraus. Mit dem Legen beginnen die Weibchen im April oder Anfang Mai. Je nach Nahrungsangebot besteht das Gelege aus 3–13 Eiern (gewöhnlich 5–8). 28–30 Tage dauert es, bis die ersten Jungen schlüpfen. Die anfangs fast nackten Jungen sind nach 2 Wochen in ein warmes Zwischenkleid gehüllt. Als Drei- bis Vierwöchige beginnen sie das Nest zu verlassen, werden als Ästlinge und auch noch als Flügge bis zum Alter von reichlich 3 Monaten gefüttert.
Der älteste in Schweden beringte Vogel hatte ein Alter von über 8 Jahren.

BESTAND, GEFÄHRDUNG, SCHUTZ:

Der europäische Brutbestand wird auf 3.500–21.000 Brutpaare in Skandinavien und 10.000–100.000 im europäischen Russland geschätzt. Die Art erscheint bei genereller Erhaltung ihrer Lebensräume nicht bedroht. Durch Kahlschläge mit erhöhtem Mäuseangebot wird sie sogar gefördert.

Raufußkauz

Aegolius funereus

LEBENSRAUM & VERBREITUNG:

Diese kleine, ausschließlich in Höhlen brütende Eule braucht Wälder mit altem Baumbestand, wobei Schwarzspechthöhlen in alten Rotbuchen besonders beliebt sind. Als Tagesruheplätze werden gerne Nadelhölzer aufgesucht. Angrenzende offene Flächen versprechen das beste Nahrungsangebot. Höhere Lagen und das Innere ausgedehnter Wälder werden wegen der dort geringeren Zahl an Waldkäuzen – seinem Hauptfeind – bevorzugt besiedelt. In Niedersachsen sind allerdings die Bestände im Flachland deutlich größer als im Bergland. Das Verbreitungsgebiet des Raufußkauzes erstreckt sich in breitem Gürtel über die nördlichen Nadelwälder von Mittel- und Nordeuropa bis Ostsibirien und durch das gesamte nördliche Nordamerika. Seine mitteleuropäischen Vorkommen werden als Eiszeitrelikt gedeutet.

AUSSEHEN:

∅ Größe/Gewicht: etwa amselgroß; 24–26 cm, Männchen rund 100 g, Weibchen 167 g; Flügelspannweite: 53–60 cm. Die Größe entspricht der des Steinkauzes, von dem er sich durch den größeren, runderen Kopf unterscheidet. Gesichtsschleier weiß mit schwarzer Umrahmung; Irisfarbe leuchtend gelb. Zu beiden Seiten des Schnabels je ein schwarzer Fleck. Oberseits dunkelbraun mit runden weißen Flecken, unterseits weiß mit verwaschenen Flecken und groben Längsstreifen. Auf den Zehen reicht die dichte Befiederung bis an die Krallen.

VERHALTEN & STIMME:

Im Gegensatz zum Steinkauz fliegt der Raufußkauz nicht in Wellen, sondern geradlinig. Den Tag verbringt er meist in dichten Nadelbäumen eng an den Stamm gedrückt. Wie andere Eulen auch nimmt er gerne Wasser-, Schnee- und sogar Sonnenbäder. Während die Jungen Körperkontakt schätzen, halten Partner eher Abstand voneinander und auch stimmlich keinen Kontakt. Gegen Artgenossen sind sie aber wenig aggressiv. Gegenüber Feinden verhalten sie sich eher defensiv. Gegenüber Menschen zeigen sie kaum Scheu. Der Reviergesang besteht aus an- und abschwellenden Reihen weicher, tiefer Flötentöne (»Okarina«), die man leicht nachpfeifen kann. Alarmrufe wie »pschiu«, »tjuk« oder »kjuwäk«. Bettelrufe der Jungen heiser »tchip« oder »chöch«.

Raufußkauz beim nächtlichen Beuteflug und am Rastplatz.

AKTIVITÄTSMUSTER:

Die rein nachtaktiven Tiere begeben sich erst in der späten Dämmerung auf die Jagd, machen eine Pause um die Mitternachtsstunden und jagen noch einmal in der frühen Morgendämmerung. Unverpaarte Männchen singen auch am Tag.

BEUTETIERE:

In der Brutzeit sind über 90 % aller Beutetiere Kleinsäuger (Mäuse). Im Winter ist der Anteil an Kleinvögeln bis Drosselgröße oft höher. Gewölle: ∅ 32 × 15 mm.

FORTPFLANZUNG & ALTER:

Saisonehe, gelegentlich auch

Polygamie oder Partnerwechsel mit Schachtelbrut. Das reviertreue Männchen lockt im Spätwinter oder schon im Herbst ein Weibchen an und zeigt ihm mit weichen Tönen seine (Schwarzspecht-)Höhle. Nach der Verpaarung legt das Weibchen seine 3–6 Eier und bebrütet das Gelege von Anfang an. Nach 26–28 Tagen schlüpfen die Jungen, die das dünne erste Dunenkleid bald gegen ein sattbraunes Nestlingskleid tauschen. Nach 30–32 Tagen verlassen die Jungen die Bruthöhle. Wenige Tage später sind sie bereits in der Lage, größere Strecken zu fliegen. Im Alter von 10–12 Wochen löst sich die Familie auf. Die kleinen Eulen können in freier Natur bis 15 Jahre alt werden.

BESTAND, GEFÄHRDUNG, SCHUTZ:

In Mitteleuropa brüten etwa 6.000 Paare, davon in Deutschland 2.000–3.000. Der Verlust alter »Schwarzspecht-Buchen« in vielen Wäldern ist sehr nachteilig für Raufußkäuze und kann durch Nistkästen nur teilweise ausgeglichen werden.
Diese sollten bei einem Schlupfloch von 8 cm Durchmesser etwa 20 × 20 cm groß und 60 cm hoch sein.

Steinkauz

Athene noctua

LEBENSRAUM & VERBREITUNG:

Urheimat des Steinkauzes sind asiatische und mediterrane Steppen, von denen aus mitteleuropäische Kulturlandschaften besiedelt wurden. Reich strukturierte Landschaften mit ausreichend Brut- und Nahrungsmöglichkeiten sowie milden Wintern sind (waren) hier sein Lebensraum. Das Verbrei-tungsgebiet erstreckt sich von Westeuropa und Nordafrika quer durch Asien bis nach China/Korea.

AUSSEHEN:

Größe/Gewicht: kleiner als Amsel; 21–23 cm, Männchen 180 g, Weibchen 200 g; Flügelspannweite: 54–58 cm. Kleiner als Haustaube mit kurzem Schwanz und niedriger Stirn, großen gelben Augen und weißen Überaugenstreifen. Gefieder oberseits erdbraun mit weißen Flecken, unterseits schmutzigweiß mit dunklen Längsflecken. Beine dicht befiedert, Zehen von Borsten bedeckt.

VERHALTEN & STIMME:

Der Steinkauz gilt als der Clown unter den Eulen. »Wenn er mit seinen schwefelgelben Augen neugierig aus seiner Schlafhöhle lugt oder wenn er seine Erregung durch lebhaftes Rufen und ein charakteristisches Knicksen ausdrückt, wirkt er wie ein kleiner Kobold: Hoch aufgerichtet stehend duckt er sich plötzlich in fast waagrechte Körperhaltung, um gleich darauf wieder in die Höhe zu schnellen, und das in mehrfachem Wechsel«, schreiben Theodor Mebs und Wolfgang Scherzinger in ihrem ausgezeichneten Buch »Die Eulen Europas«. Sein Stimmrepertoire steht seinen akrobatischen und pantomimischen Fähigkeiten kaum nach. Der Reviergesang besteht aus schallenden, nach oben gezogenen »gju-uk«-Rufen. Bei Alarm lässt er katzenartige Schreie hören und hat für Nestzeigen, Fütterung und Betteln weitere quietschende, gackernde und schleifende Laute parat. Die Jungen betteln mit schnarchenden Geräuschen.

AKTIVITÄTSMUSTER:

Verlässt seinen Tageseinstand bereits kurz nach Sonnenuntergang, während der Aufzucht und im Winter sogar früher. Auch in der Morgendämmerung ist er aktiv. Reviergesang kann man auch tags hören.

BEUTETIERE:

In Mitteleuropa bilden Regenwürmer neben Feldmäusen einen großen Anteil am Nahrungsspektrum, im Mittelmeerraum sind es mehr Insekten und Eidechsen. Im Winter bilden Kleinvögel einen größeren Teil der täglichen Beute.

Steinkauz füttert seine Jungen mit einem Laufkäfer.

Gewölle: ∅ 33 × 13 mm, im Sommer mit vielen Käferresten.

FORTPFLANZUNG & ALTER:

Die sehr reviertreuen Partner leben in Dauerehe. Zur Balzzeit singen sie im Duett unter Einsatz ihrer vielfältigen Laute. Bei der Paarung erreichen diese Darbietungen ihren Höhepunkt. Wie bei Eulen üblich, brütet nur das Weibchen und wird vom Männchen mit Beute versorgt. Die 3–5 Eier werden im April/Mai in einer (halboffenen) natürlichen Baumhöhle, in einer Gebäudenische oder einem Nistkasten abgelegt und 24–28 Tage bebrütet. Das plüschige Dunenkleid wird schon bald durch ein graubraunes Nestlingskleid ersetzt. Die Augen öffnen sich um den 9. Tag. Dann beginnen auch die Kiele des Großgefieders zu sprießen. Frühestens im Alter von 22–24 Tagen verlassen die Jungen erstmals die Bruthöhle, kehren aber meist noch etliche Tage immer wieder zurück. Mit 30–35 Tagen sind sie flügge. Wenn sie 2 Monate alt sind, wechseln sie das Nestlingskleid gegen das Jugendkleid. Nach 90–100 Tagen löst sich die Familie auf.
Als maximales Alter wurden im Freiland 16 Jahre, in der Voliere 18 Jahre festgestellt.

BESTAND, GEFÄHRDUNG, SCHUTZ:

Der mitteleuropäische Brutbestand wird auf rund 28.000 Paare geschätzt, davon etwa 6.000 in Deutschland. In Deutschland und Österreich gehört der Steinkauz zu den stark bedrohten Vogelarten. In vielen Landschaften ist er bereits verschwunden. Auch durch Nistkästen ist der Verlust an Lebensraum und Nahrung kaum wettzumachen.

Zwergohreule

Otus scops

LEBENSRAUM & VERBREITUNG:

Warme, trockene und eher offene Landschaften sind der Zwergohreule am liebsten. Alte Bäume mit Höhlen und viele Insekten als Nahrung sind wichtig. Für die Bodenjagd sollte die Vegetation möglichst kurz und schütter sein. In den Mittelmeerländern besiedeln die Vögel extensiv genutztes Kulturland, Einzelgehöfte und Ortschaften. Den Winter verbringen sie in afrikanischen Savannen. Das Verbreitungsgebiet zieht sich von Spanien über Kleinasien bis Afghanistan. In Europa verläuft die Nordgrenze durch Mittelfrankreich, Norditalien und Ungarn, mit einzelnen Brutvorkommen in der Schweiz und Österreich. Auch in Bayern gab es Bruten und Brutversuche.

AUSSEHEN:

∅ Größe/Gewicht: etwa starengroß, kleiner und schlanker als Steinkauz; 20 cm, Männchen 83 g, Weibchen 98 g; Flügelspannweite: 49–54 cm. Recht dunkles, rindenfarbig gemustertes Gefieder, mal mehr braun, mal mehr grau. Die kurzen Federohren fallen nur bei maximaler Aufrichtung auf und können ganz verschwinden. Die Augen sind gelb, die Zehen unbefiedert. Die Vögel bewegen sich elegant, geschmeidig und lautlos. Im Flug erscheinen sie recht langflügelig.

VERHALTEN & STIMME:

Zwar wird das Revier gegen Rivalen nicht nur akustisch verteidigt, dennoch liegen in guten Gebieten die Brutplätze oft nur einen Steinwurf weit auseinander, ja es können sich kleine »Kolonien« bilden. Gegenüber Feinden verlassen sich Zwergohreulen vor allem auf ihr ausgezeichnetes Tarnkleid und eine bewegungslos gereckte Tarnhaltung, wie ein Ast. Jungvögel machen sich durch aufgefächerte Flügel gegenüber Feinden

Zwergohreulen-Portrait (links oben); junge Zwergohreule (unten); erwachsener Vogel am Schlafplatz (rechts).

unförmig groß und schaukeln, fauchen und knappen dabei bedrohlich. Weibchen attackieren am Brutplatz sogar Menschen. Reviergesang monoton, aber melodisch flötend »djüt - djüt ...«, oft im Partnerduett. Sonst nur wenige Laute sowie Fauchen und Schnabelknappen. Die Jungen betteln »fschii«.

AKTIVITÄTSMUSTER:

Die Eulen verlassen ihre Ruheplätze deutlich nach Einbruch der Abenddämmerung, suchen sie in den Stunden um Mitternacht wieder auf und gehen dann noch einmal vor Morgengrauen auf die Jagd.

BEUTETIERE:

Von Bäumen gesammelte Laubheuschrecken bilden bei der Jungenaufzucht eine wichtige Grundlage. Aber auch alle anderen etwas größeren Insekten werden bejagt, dazu Spinnen und Regenwürmer, seltener Kleinvögel oder Laubfrösche. Gewölle: ∅ 27 × 11 mm; sie bestehen überwiegend aus Chitinresten und zerfallen rasch.

FORTPFLANZUNG & ALTER:

Baumhöhlen aller Art, Mauerlöcher und Nistkästen dienen als Brutplatz. Das Weibchen legt zwischen Mai und Juni 3–5 Eier und bebrütet sie 20–30 Tage. Nach weiteren 20–30 Tagen verlassen die Jungen die Höhle und können auch schon kurze Strecken fliegen. Zwischen dem 50. und 60. Tag werden sie selbstständig. Im Freiland können die kleinen Eulen mindestens 6 Jahre alt werden, in Gefangenschaft mindestens 12 Jahre.

BESTAND, GEFÄHRDUNG, SCHUTZ:

Die europäische Brutpopulation wird auf über 90.000 Paare geschätzt, der mitteleuropäische Bestand auf rund 450 (davon Ungarn allein 350), nicht gerechnet Slowenien mit angeblich 500 bis 800 Paaren.

Sperlingskauz

Glaucidium passerinum

LEBENSRAUM & VERBREITUNG:

Ältere, aufgelockerte Nadel- und Mischwälder sind der bevorzugte Lebensbereich der kleinsten europäischen Eule. Specht- oder andere Baumhöhlen sind eine wichtige Voraussetzung, ebenso gewisse Freiflächen. In den Alpen besiedelt der Sperlingskauz alle Lagen bis zur Baumgrenze. Er ist ein typischer Bewohner nördlicher Nadelwälder, und sein Areal erstreckt sich von Mittelskandinavien über Sibirien bis an die Ostküsten des eurasischen Kontinents. Außerdem brütet er in den Alpen, den deutschen Mittelgebirgen und verschiedenen anderen Bergregionen Osteuropas.

AUSSEHEN:

∅ Größe/Gewicht: kleiner als Star; Männchen 16–17 cm und 59 g, Weibchen 18–19 cm und 63–103 g (im Mittel 69 g); Flügelspannweite: 35–38 cm. Flugbild mit kurzen, runden Flügeln und abgerundetem Schwanz. Gefieder oberseits braun mit kleinen weißen Flecken, unterseits weiß mit braunen Längsstreifen. Schwanz braun mit 5 schmalen weißen Binden. Neben der Sperbereule die einzige Eule mit Schwanzstelzen. Kopf rund bis kantig. Hinterkopf beim Plustern mit »falschem Gesicht«. Augen gelb.

VERHALTEN & STIMME:

Lebhafte, teils ruckartige Bewegungen. Schnurrender Flug wellenförmig wie Specht oder gerade wie Star. Aggressiv gegen Artgenossen, selbst Partner sind kontaktscheu. Reagiert stark auf Gesangsimitation, speziell im September/Oktober und März/April. An der Bruthöhle werden Feinde mit Schnabelknappen und Flugangriffen empfangen. Menschen werden weitgehend ignoriert. Ästlinge graben sich bei Gefahr flach in die Bodenstreu ein. Das Stimmrepertoire ist spärlich. Der Reviermarkierung dienen monotone Reihen 1- oder 2-silbiger, flötender »dü«-Rufe, wobei die zweite Silbe etwas vibriert. Auch ansteigende Tonleitern werden gebracht. Bei Alarm ertönen harte, abfallende »gjio«-Rufe, einzeln oder in Serie. Die Bettelrufe von Weibchen und Jungen sind hoch und ziehend.

AKTIVITÄTSMUSTER:

Die Hauptaktivität liegt vor, während und nach der Morgen- und Abenddämmerung. Die Nacht wird eher zum Schlafen genutzt als der Tag, an dem

Kleinvögel gehören zum Beutespektrum des Sperlingskauzes (oben), verlassene Spechthöhlen gehören zu seinen bevorzugten Nistplätzen (unten).

auch die Stimme des Öfteren zu hören ist. Der Verzicht auf nächtliches Treiben wird mit der Gefährdung durch andere Eulen in Zusammenhang gebracht. Gegen Ende der Nestlingszeit sind die Männchen voll tagaktiv.

BEUTETIERE:

Die ungewöhnlich langen Zehen weisen den Sperlingskauz als typischen Vogeljäger aus. Die Jagd wird sowohl vom Ansitz aus als auch als Verfolgungs- und Überraschungsjagd betrieben. Aus den Resten der Mahlzeiten, die man als Gewölle unter der Bruthöhle findet, lässt sich die Zusammensetzung der Beutetiere entnehmen: Immerhin wurden zur Brutzeit im Bayerischen Wald 2/3 als Kleinsäuger identifiziert. Nur in mäusearmen Jahren stieg der Vogelanteil von 10 auf fast 40 %. Ähnlich war das Verhältnis bei winterlichen Nahrungsdepots in Ostdeutschland. Die Gewölle (Ø 28 × 12 mm) sind an den stark zerbissenen Knochen leicht erkennbar.

FORTPFLANZUNG & ALTER:

Herbst und Spätwinter sind die Zeiten erhöhter Reviermarkierung durch Gesang. Hohe Ansprüche stellen die kleinen Eulen an die Maße ihrer Bruthöhle. Der Einschlupf muss eng und die Höhle möglichst tief sein, um Fressfeinde abzuhalten. Der Boden der Höhle wird mit Rupfungsmaterial gepolstert und isoliert. Das Gelege von 5–7 Eier macht bis zu 80 % des Körpergewichtes des Weibchens aus. Die Brut beginnt (im April) erst mit dem Vollgelege, sodass alle Jungen fast zur gleichen Zeit nach 28–30 Tagen schlüpfen. Im Alter von gut 3 Wochen beginnen die Jungkäuze immer wieder aus dem Flugloch zu schauen. Eine Woche später verlassen sie die Höhle, flugfähig trotz noch unvollständigen Großgefieders. Danach bleibt die Familie noch bis zu 6 Wochen zusammen. Erst mit 2 Monaten sind die Jungeulen selbstständig. Höchstalter 6–7 Jahre.

BESTAND, GEFÄHRDUNG, SCHUTZ:

In Deutschland und Österreich leben je etwa 2.000 Brutpaare. Die Bestände sind einigermaßen stabil, sofern in den Wäldern genügend alte Spechtbäume belassen werden.

Literatur und Web-Adressen

A. Aebischer: Eulen und Käuze. Auf den Spuren der nächtlichen Jäger. Haupt Verlag, 2008.

T. Mebs und W. Scherzinger: Die Eulen Europas. Biologie, Kennzeichen, Bestände Kosmos, 2008.

www.eulenwelten.de: Eulen und Käuze Europas, umfassende Informationen rund um die Eulen und den Eulenschutz, mit vielen Fotos, Mythologie, Geschichte, Gedichten und vielem mehr.

www.eulen.de: Der Landesverband Schleswig-Holstein setzt sich für den Schutz der acht heimischen Eulenarten ein.

www.eulenmanie.de: Von der Artenvielfalt und Biologie bis zur Unterhaltung.

www.eulenshop.de: Unikate verschiedener Künstler und Kunsthandwerker für den Eulensammler.

www.ageulen.de: Die Arbeitsgemeinschaft ist seit 1979 der Dachverband deutschsprachiger Eulenexperten.

www.egeeulen.de: Gesellschaft zur Erhaltung der Eulen e.V. (EGE). Zusammenschluss engagierter Praktiker und Wissenschaftler im Naturschutz mit dem Ziel, die 13 europäischen Eulenarten zu schützen.

Stichwortverzeichnis

Impressum

Danksagung

Ich danke allen Personen, die mich bei meiner Arbeit zu diesem Buch unterstützt haben: Lutz Köhler, Erwin Tyll, Jens Halbauer, Siegfried Schönn, Jochen Wiesner, Roland Bachmann (†), Frank Leo, Eero Kemilä, Jozef Mihok, Nico Kießhauer, Andreas Knoll, Achim Frölich, Peter Romanow, Bernd Fischer. Besonderer Dank gilt meiner Frau Kathrin, die mir stets eine treue Begleiterin ist.

Torsten Pröhl

BLV Buchverlag GmbH & Co. KG
80797 München

Bibliografische Information der Deutschen Nationalbibliothek
Die Deutsche Nationalbibliothek verzeichnet diese Publikation in der Deutschen Nationalbibliografie; detaillierte bibliografische Daten sind im Internet über http://dnb.d-nb.de abrufbar.

Bildnachweis:

Alle Fotos von Dietmar Nill und Torsten Pröhl, außer:

akg-images/Electa: 15
akg-images/Erich Lessing: 16, 17u, 18
Dr. Christian Hieronymus Fried: 13
Dr. Michael Lohmann: 58u
Frank Leo: 85u
The Bridgeman Art Library: 17o
ullstein bild/Imagebroker.net: 14r

Umschlagfotos:
Vorderseite: Torsten Pröhl (Bartkauz)
Rückseite: Dietmar Nill (Uhu)
Foto S. 1: Zwergohreule
Foto S. 2/3: Steinkauz
Foto S. 4/5: Schnee-Eule
Foto S. 156/157: Habichtskauz

Lektorat: Dr. Friedrich Kögel,
Dr. Eva Dempewolf

Herstellung: Hermann Maxant

Layoutkonzept Innenteil
und DTP: Felix Velasco

Gedruckt auf chlorfrei gebleichtem Papier

Printed in Germany
ISBN 978-3-8354-0441-0